CIÊNCIAS

CÉSAR DA SILVA JÚNIOR
Licenciado em História Natural pela Faculdade de Filosofia, Ciências e Letras da Universidade de São Paulo (USP)
Professor de Biologia da rede particular de ensino de São Paulo

SEZAR SASSON
Licenciado em Ciências Biológicas pelo Instituto de Biociências da USP
Professor e autor de Biologia

PAULO SÉRGIO BEDAQUE SANCHES
Bacharel em Física pelo Instituto de Física da USP
Licenciado em Física pela Faculdade de Educação da USP (habilitação em Física, Química e Matemática)
Mestre em Educação a Distância pela Universidad Nacional de Educación a Distancia (Uned) – Cátedra Unesco, Madri, Espanha

SONELISE AUXILIADORA CIZOTO
Bacharel em Pedagogia pelo Centro Universitário Salesiano de São Paulo
Pós-graduada em Educação pela Faculdade Integrada Metropolitana de Campinas (Metrocamp), São Paulo
Professora de graduação e pós-graduação nas áreas de Psicologia e Educação

DÉBORA CRISTINA DE ASSIS GODOY
Bacharel em Pedagogia e especialista em Alfabetização pela Universidade Estadual de Campinas (Unicamp)
Professora e coordenadora de Ensino Fundamental da rede particular de ensino em Campinas, São Paulo

São Paulo – 1ª edição – 2018

Direção geral: Guilherme Luz
Direção editorial: Luiz Tonolli e Renata Mascarenhas
Gestão de projeto editorial: Tatiany Renó
Gestão e coordenação de área: Isabel Rebelo Roque
Edição: Daniela Teves Nardi, Daniella Drusian Gomes, Carlos Eduardo de Oliveira, Giovana Pasqualini da Silva e Luciana Nicoleti
Gerência de produção editorial: Ricardo de Gan Braga
Planejamento e controle de produção: Paula Godo, Roseli Said e Marcos Toledo
Colaboração para desenvolvimento da seção Conectando saberes: Mauro César Brosso e Suzana Obara
Revisão: Hélia de Jesus Gonsaga (ger.), Kátia Scaff Marques (coord.), Rosângela Muricy (coord.), Ana Paula C. Malfa, Brenda T. M. Morais, Daniela Lima, Flavia S. Vênezio, Paula T. de Jesus, Rita de Cássia C. Queiroz; Amanda Teixeira Silva e Bárbara de M. Genereze (estagiárias)
Arte: Daniela Amaral (ger.), André Gomes Vitale (coord.) e Renato Akira dos Santos (edit. arte)
Diagramação: Renato Akira dos Santos
Iconografia: Sílvio Kligin (ger.), Roberto Silva (coord.), Roberta Freire (pesquisa iconográfica)
Licenciamento de conteúdos de terceiros: Thiago Fontana (coord.), Flavia Zambon e Luciana Sposito (licenciamento de textos), Erika Ramires, Luciana Pedrosa Bierbauer, Luciana Cardoso Sousa e Claudia Rodrigues (analistas adm.)
Tratamento de imagem: Cesar Wolf e Fernanda Crevin
Ilustrações: Dawidson França, Estevan Silveira, Estúdio Lab307, Felix Reiners, Julio Dian, Leo Vargas, Luciano Veronezi, Olavo Costa, Osni de Oliveira
Cartografia: Eric Fuzii (coord.)
Design: Gláucia Correa Koller (ger.), Erika Tiemi Yamauchi Asato (projeto gráfico e capa) e Talita Guedes da Silva (capa)
Foto de capa: Max Topchii/Shutterstock
Ilustração de capa: Ideário Lab

Todos os direitos reservados por Saraiva Educação S.A.
Avenida das Nações Unidas, 7221, 1ª andar, Setor A –
Espaço 2 – Pinheiros – SP – CEP 05425-902
SAC 0800 011 7875
www.editorasaraiva.com.br

Dados Internacionais de Catalogação na Publicação (CIP)
(Câmara Brasileira do Livro, SP, Brasil)

```
Ligamundo : ciências 5º ano / César da Silva
   Júnior....[et al.]. -- 1. ed. -- São Paulo :
   Saraiva, 2018.

   Outros autores: Sezar Sasson, Paulo Sérgio
Bedaque Sanches, Sonelise Auxiliadora Cizoto, Débora
Cristina de Assis Godoy.
   Suplementado pelo manual do professor.
   Bibliografia.
   ISBN 978-85-472-3429-4 (aluno)
   ISBN 978-85-472-3430-0 (professor)

   1. Ciências (Ensino fundamental) I. Silva Júnior,
César da. II. Sasson, Sezar. III. Sanches, Paulo
Sérgio Bedaque. IV. Cizoto, Sonelise Auxiliadora.
V. Godoy, Débora Cristina de Assis.

18-16311                                    CDD-372.35
```

Índices para catálogo sistemático:

1. Ciências : Ensino fundamental 372.35

Maria Alice Ferreira – Bibliotecária – CRB-8/7964

2023
Código da obra CL 800660
CAE 628047 (AL) / 628048 (PR)
1ª edição
8ª impressão

Impressão e acabamento: Bercrom Gráfica e Editora

Uma publicação

Apresentação

O mundo em que vivemos é maravilhoso! Nele, acontecem muitas coisas que nos deixam curiosos.

Quando você observa o mundo e pensa sobre ele, começa a fazer perguntas. Esse é o momento para investigar, experimentar, testar e fazer novas perguntas…

Fazer isso é fazer ciência!

Quando você compreende melhor o mundo, pode agir nele com mais consciência. Assim, vai respeitar mais a você mesmo, aos outros e à natureza.

Suas decisões serão mais acertadas, e você poderá viver melhor neste mundo tão incrível!

Os autores

Conheça seu livro

Abertura da unidade

Na abertura de cada unidade você vai observar imagens e refletir sobre elas. Esse é o momento para ver o que você já sabe e despertar seu interesse pelo tema que será estudado.

Conectando saberes

A partir de temas interessantes, descubra como a ciência se relaciona com outras áreas do conhecimento.

Sugestões

Nesta seção, você encontrará recomendações de livros, vídeos, filmes, músicas e endereços na internet.

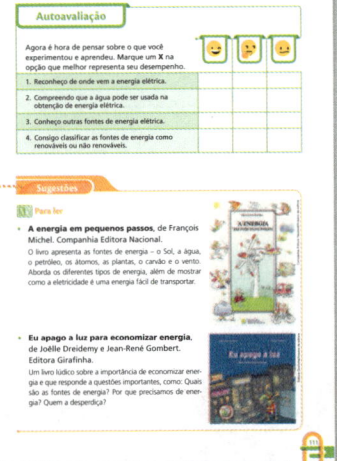

Vamos falar sobre...

Entenda como os seus conhecimentos de ciências podem ajudar a compreender temas relacionados à cidadania, à cultura, entre outros.

Glossário

Aqui você vai encontrar o significado das palavras destacadas no texto.

Vamos investigar

Nesta seção, você vai realizar experimentos com atividades de observação e prática para enriquecer e ampliar o estudo do tema.

Agora é com você

Nesta seção, você vai utilizar o que aprendeu para fazer novas descobertas.

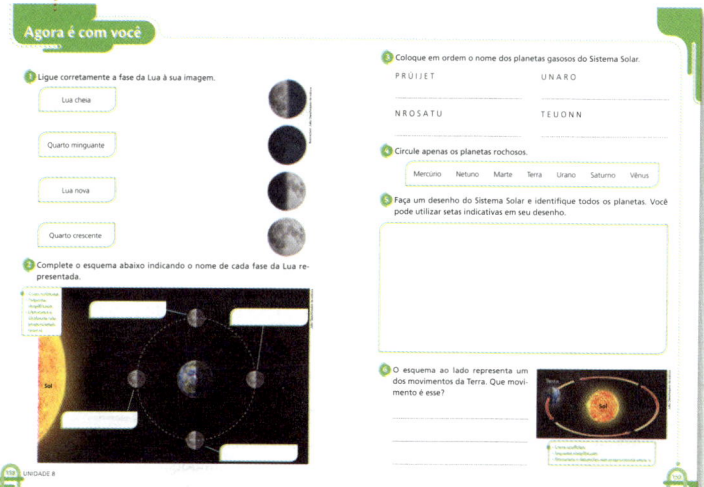

Ícones que indicam como realizar as atividades:

 Oral

 Em dupla

 Em grupo

Sumário

UNIDADE 1

Eu me alimento 8
- Por que nos alimentamos? 10
- Eu me alimento bem? 12
  - Agora é com você 13
- Os alimentos e a saúde 16
  - Vamos falar sobre...
    - Desperdício de alimentos 18
  - Agora é com você 19
- O caminho do alimento 22
  - Vamos investigar
    - Dentes para quê? 24
  - Agora é com você 26
- Como o corpo está organizado? 28
  - Níveis de organização 28
  - Célula, a unidade da vida 29
- Agora é com você 30
- Autoavaliação 31
- Sugestões 31

UNIDADE 2

Eu respiro 32
- Do que o ar é formado? 34
- Por que não consigo ficar sem respirar? ... 35
  - Inspirar e expirar 35
  - Vamos investigar
    - A medida do tórax 36
- Do que dependem a inspiração e a expiração? 38
- O caminho do ar 39
- O ar que inspiramos é igual ao ar que expiramos? 40
  - Agora é com você 41
- A qualidade do ar 43
  - Vamos falar sobre...
    - Os malefícios do cigarro 44
- Por que espirramos? 45
- Agora é com você 46
- Autoavaliação 47
- Sugestões 47

UNIDADE 3

Sangue: distribuição de nutrientes e eliminação de resíduos 48
- Sangue: um meio de transporte eficiente ... 50
- Vamos falar sobre...
  - Doação de sangue 51
  - Sistema cardiovascular 51
- Vamos investigar
  - Contando as pulsações 55
- Agora é com você 58
  - Sistema urinário 60
- Agora é com você 64
- Autoavaliação 67
- Sugestões 67

Conectando saberes
- A integração dos sistemas 68

UNIDADE 4

Água, um recurso natural 70
- A água e os seres vivos 72
  - Agora é com você 74
- A água no planeta Terra 75
  - Vamos falar sobre...
    - Água potável: um direito de todos ... 77
  - Agora é com você 78
- Água líquida, sólida e gasosa 80
  - Agora é com você 82
  - Vamos investigar
    - Propriedades dos materiais 83
- O ciclo da água 85
- O uso da água 86
  - A água e o cultivo de alimentos .. 87
  - Vamos falar sobre...
    - Educação ambiental 88
  - Agora é com você 89
- Autoavaliação 91
- Sugestões 91

UNIDADE 5

Fontes de energia elétrica 92
- A energia elétrica no dia a dia 94
  - Agora é com você 95
- De onde vem a energia elétrica? 96
  - Usinas hidrelétricas 97
  - Vamos investigar
    - Roda-d'água 98
  - Agora é com você 101
- Vamos falar sobre...
  - Economia de energia 102

Outras fontes de energia elétrica 103
   Usinas termelétricas 103
   Usinas eólicas 105
   Luz do Sol como fonte de energia 106
   Pilhas e baterias 107
Fontes de energia renováveis
e não renováveis 108
• Agora é com você 109
• Vamos investigar
   As fontes de energia renováveis
   e não renováveis no dia a dia 110
• Autoavaliação 111
• Sugestões 111

Conectando saberes
• Relâmpagos! 112

UNIDADE 6

Os materiais e o meio ambiente . . 114
Do que são feitos os produtos
que consumimos? 116
Características dos materiais 117
A fabricação de produtos causa
impactos no meio ambiente? 118
• Agora é com você 119
O que podemos fazer? 122
   Reutilização e reciclagem 122
• Vamos falar sobre...
   Consumo consciente 124
• Vamos investigar
   Reutilizar brincando 125
• Agora é com você 127
• Autoavaliação 131
• Sugestões 131

UNIDADE 7

Saneamento básico 132
De onde vem a água
que consumimos? 134
   Os mananciais 135
• Agora é com você 136
Tratamento de água e de esgoto 137
• Vamos investigar
   Filtração da água 139
• Vamos falar sobre...
   Má qualidade da água pode causar doenças 141
• Agora é com você 142

O destino do lixo 145
   Lixão 145
   Aterro controlado 146
   Aterro sanitário 146
• Autoavaliação 147
• Sugestões 147

UNIDADE 8

O Sistema Solar 148
Sol: o maior astro do Sistema Solar 150
O dia e a noite 151
Estações do ano 152
A Lua, satélite natural da Terra 153
   Fases da Lua 154
• Vamos falar sobre...
   Satélites artificiais 155
Os planetas do Sistema Solar 156
• Agora é com você 158
Outros astros do Sistema Solar 160
• Agora é com você 161
• Autoavaliação 163
• Sugestões 163

UNIDADE 9

Ampliando nossos sentidos 164
Quais são os nossos sentidos? 166
• Agora é com você 167
• Vamos investigar
   Quente ou frio? 168
A ampliação dos sentidos
por meio de instrumentos 171
• Vamos investigar
   Construindo um megafone 173
Os microscópios e o estudo da vida 175
• Vamos falar sobre...
   Microscopia 176
Telescópios e o estudo do Universo 177
• Vamos investigar
   Descobrindo as lentes no nosso dia a dia 178
• Autoavaliação 181
• Sugestões 181

Conectando saberes
• Viajando pelo Universo 182

BIBLIOGRAFIA 184

UNIDADE 1

Eu me alimento

Nesta unidade você vai:

- Conhecer os tipos de alimento e sua função no nosso corpo.
- Analisar uma refeição, percebendo se está equilibrada quanto à presença de nutrientes e suas proporções.
- Entender por que a digestão é necessária.
- Identificar o trajeto dos alimentos no corpo.
- Reconhecer os níveis de organização do organismo.
- Compreender que as células são as unidades dos organismos.

Observe a imagem e converse com seus colegas:

1. Você consegue identificar os alimentos que compõem o prato?
2. Que prato você costuma comer no dia a dia com sua família? Você sabe como ele é preparado?
3. Qual é a importância de estar bem alimentado para realizar as atividades diárias?

Galinhada, prato típico das regiões Centro-Oeste e Sudeste do Brasil.

Por que nos alimentamos?

Quem não gosta de comer quando está com fome? Ou se refrescar com um suco de fruta quando faz calor? O momento da refeição pode proporcionar muito prazer. Mas, além de gostoso, o ato de se alimentar é uma necessidade. Precisamos dos alimentos para nos manter vivos e para ter energia para realizar as atividades diárias.

Nosso corpo está sempre consumindo energia para realizar atividades como caminhar, brincar, correr, ler e até mesmo dormir, afinal também gastamos energia enquanto dormimos. Por isso, precisamos da energia dos alimentos.

Gastamos energia quando brincamos, ouvimos, vemos e pensamos.

Os alimentos contêm compostos chamados **nutrientes**, que têm várias funções. Dependendo dos tipos de nutriente encontrados neles, os alimentos podem ser classificados em três grupos, de acordo com sua função principal: os energéticos, os construtores e os reguladores.

Os **energéticos** fornecem energia. Açúcares, pães, farinhas e massas estão nesse grupo.

Os **construtores** nos ajudam a crescer e a manter a estrutura do corpo. Carnes, leite, ovos, feijões, lentilhas e outras sementes são alimentos construtores.

Os **reguladores** permitem o funcionamento correto do organismo. Frutas e verduras cruas ou cozidas fazem parte desse grupo.

nehophoto/Shutterstock

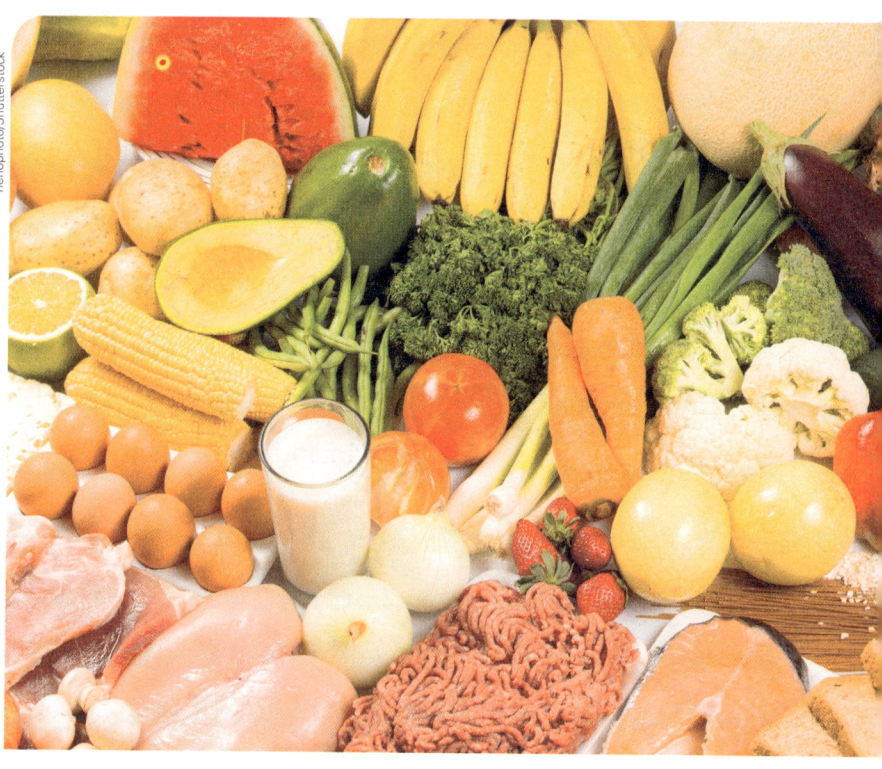

Você consegue identificar na foto ao lado quais são os alimentos energéticos, os construtores e os reguladores?

Apesar de os alimentos conterem quantidades variáveis de água, é importante beber água para garantir a saúde e o bom funcionamento do corpo.

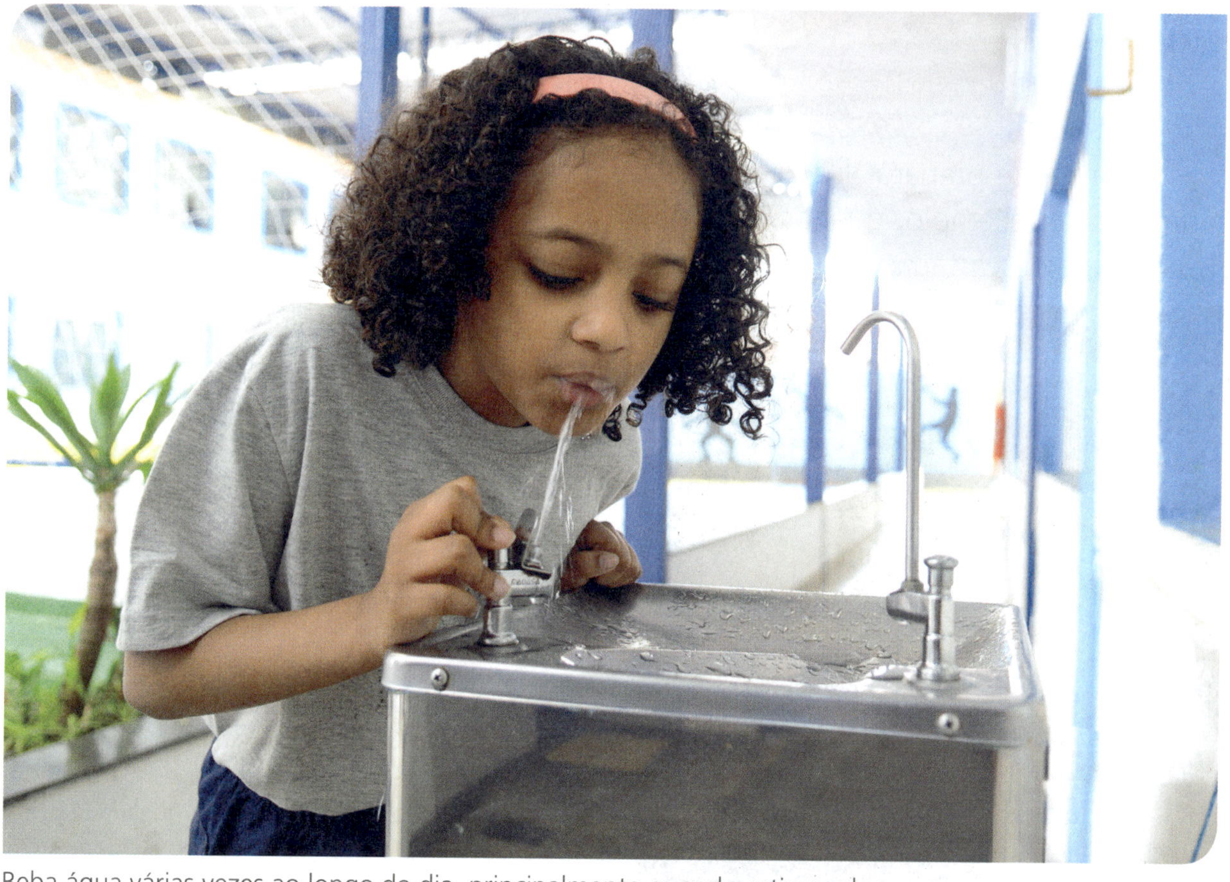

Fernando Favoretto/Criar Imagem

Beba água várias vezes ao longo do dia, principalmente quando estiver calor.

Eu me alimento bem?

Ter uma boa alimentação é muito importante para a nossa saúde. Mas na hora de montar um prato podemos ficar em dúvida sobre quais alimentos escolher e quanto de cada um deles devemos comer.

A pirâmide de alimentos é um instrumento de orientação para uma alimentação equilibrada e variada. Ela indica que devemos consumir todos os grupos de alimentos e sugere também as proporções em que esses alimentos devem ser consumidos.

Pirâmide de alimentos

- óleos e gorduras
- açúcares e doces
- leite, queijo e iogurte
- carnes e ovos
- feijões e oleaginosas
- legumes e verduras
- frutas
- arroz, pão, massa, batata e mandioca

- Cores artificiais
- Esquema simplificado
- Elementos não proporcionais entre si

- Beber água à vontade.
- Praticar atividades físicas.

PHILIPPI, Sonia Tucunduva. **Pirâmide dos alimentos: fundamentos básicos da nutrição.** São Paulo: Manole, 2008.

A forma de preparo dos alimentos também é importante em uma alimentação saudável. Por exemplo, quando cozinhamos legumes na água, parte dos nutrientes fica nela e é descartada. Por isso, é melhor cozinhar legumes no vapor.

Outra forma de garantir uma alimentação com mais nutrientes é dar preferência a **alimentos frescos** e **naturais**, como frutas, legumes e cereais. **Alimentos industrializados**, como salgadinhos e biscoitos, devem ser evitados porque, apesar de fornecerem energia, contêm poucos nutrientes.

As feiras livres são ótimos lugares para comprar alimentos frescos. É interessante aproveitar frutas e legumes da época, que têm melhor qualidade e costumam ser mais baratos. Feira livre na cidade de Lençóis, Bahia, 2016.

Agora é com você

1 Consulte a pirâmide da página anterior para fazer as atividades a seguir.

a) Desenhe uma pirâmide com as mesmas divisões da pirâmide modelo. Em cada degrau, desenhe alimentos energéticos, construtores e reguladores diferentes dos que estão representados no modelo do livro, identificando cada alimento pelo nome.

b) Observe novamente a pirâmide alimentar da página anterior. Ela indica que devemos consumir todos os alimentos em igual quantidade? Explique.

c) Que tipos de alimento, segundo a pirâmide e os textos das páginas anteriores, devem ser consumidos em maior quantidade para uma refeição equilibrada? E quais devem ser evitados?

Agora é com você

2 "Como os adultos já cresceram, eles não necessitam mais de alimentos construtores." Você concorda com essa afirmação? Por quê?

3 O pai de João preparou um almoço igual a este ilustrado ao lado para o menino comer quando chegasse da escola. Você acha que a refeição representada está equilibrada? Justifique.

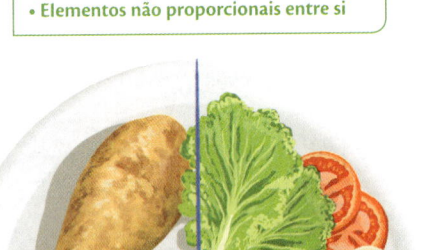

• Cores artificiais • Esquema simplificado
• Elementos não proporcionais entre si

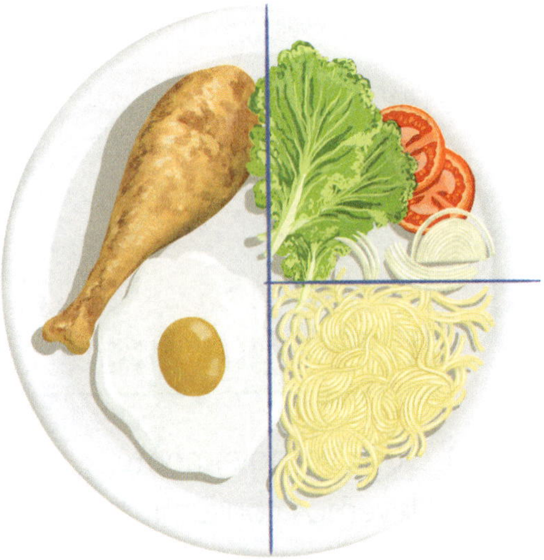

Felix Reiners/Arquivo da editora

4 Como sobremesa, você recomendaria a João um doce ou uma fruta? Justifique.

5 Olívia e Maria prepararam o prato delas para o jantar.

Olívia vai comer uma salada de rúcula, pepino e tomate.

Maria vai comer uma *pizza* de queijo com molho de tomate, tomate, manjericão e azeitona.

Analise os dois pratos. Em cada um deles, está faltando algo para serem considerados uma refeição equilibrada.

a) Que tipo de alimento faltou na refeição de Olívia?

b) Que tipo de alimento faltou na refeição de Maria?

c) Os pratos de Olívia e Maria estão prontos, mas elas não comeram ainda. O que você pode sugerir a elas para que suas refeições fiquem mais equilibradas?

Os alimentos e a saúde

Maus hábitos alimentares, como comer quantidades muito grandes ou muito pequenas de alimentos, ou comer com muita frequência alimentos industrializados, podem causar diversos problemas à saúde. Quando não nos alimentamos de maneira adequada durante algum tempo podemos ficar doentes.

Uma alimentação equilibrada é essencial para manter a saúde do corpo.

Uma das maiores preocupações dos governos do mundo todo é o aumento do número de pessoas que estão acima do peso. A Organização Mundial da Saúde (OMS) passou a considerar a **obesidade** um problema de saúde pública tão grave e preocupante quanto a **desnutrição**.

A alimentação adequada é um direito de todos. Ainda assim, muitas pessoas não têm acesso a alimentos básicos que possam garantir uma alimentação saudável. Por isso, elas podem ficar desnutridas. A desnutrição deixa as pessoas mais vulneráveis a outras doenças e pode levar à morte.

Obesidade: doença caracterizada pelo excesso de gordura corporal que pode estar relacionada, entre outros fatores, ao consumo demasiado de alimentos calóricos.

Desnutrição: doença causada pela falta de nutrientes essenciais.

Por outro lado, maus hábitos alimentares relacionados, por exemplo, ao consumo excessivo de alimentos gordurosos, como doces, frituras e chocolates, podem levar à obesidade. A obesidade, assim como a desnutrição, pode deixar as pessoas mais vulneráveis a outras doenças.

• Cores artificiais • Esquema simplificado
• Elementos não proporcionais entre si

problemas no coração e na circulação do sangue

problemas no sistema digestório

dores na região das pernas e problemas para se locomover

O excesso de peso pode comprometer a qualidade de vida das pessoas.

Para evitar o excesso de peso e suas consequências, é necessário compreender a diferença entre comer bem e comer em excesso. Também é importante exercitar-se regularmente.

Para que uma pessoa perca peso, um nutricionista deverá indicar um programa de reeducação alimentar adequado, em que, por exemplo, alimentos industrializados possam ser substituídos por alimentos frescos, de modo a garantir a saúde do paciente. Além disso, esse profissonal pode orientar algumas mudanças no estilo de vida, recomendando a prática de atividades físicas regulares, como caminhada ou natação.

Algumas atividades do dia a dia, como caminhar de casa até a escola, usar escadas em vez de elevador ou brincar com os amigos, também contribuem para garantir a prática de um exercício físico moderado.

- Você acha que pessoas magras são sempre saudáveis? Por quê? Converse com seus colegas.

Vamos falar sobre...

Desperdício de alimentos

Ao mesmo tempo que nos deparamos com o problema da desnutrição em muitos países, inclusive no Brasil, há outro fator que torna o quadro ainda mais grave: o desperdício de alimentos.

Atualmente, cerca de um terço dos alimentos produzidos no mundo é perdido por causa de desperdícios nas etapas de colheita, transporte e distribuição (muito antes de chegar aos pratos das pessoas) e também durante o seu preparo e consumo.

Existem maneiras muito práticas para contribuirmos com o melhor aproveitamento dos alimentos em nosso dia a dia. Por exemplo, no preparo das refeições podem ser incluídas partes de alguns alimentos que, por costume ou desconhecimento, são jogadas no lixo, como talos, folhas e cascas de certas hortaliças. Essas partes, geralmente desperdiçadas, também são fontes de nutrientes e sua utilização ainda pode reduzir gastos no orçamento doméstico. Outro hábito que pode facilmente ser adotado é ficar atento à quantidade de comida que você coloca no prato, evitando jogar fora algum excesso que restar ao final da refeição.

Pão com antepasto feito com casca de melancia.

- Em sua família, alguém sabe preparar alguma receita que aproveita partes de alimentos que geralmente são jogadas fora? Converse com as pessoas da sua casa e depois compartilhe a conversa com seus colegas.

Agora é com você

1 Leia a tirinha.

a) O que os meninos estão comendo?

b) Essa é uma refeição equilibrada? Por quê?

c) Um dos meninos diz que comer e dormir o dia todo significa levar uma vida natural. Esses são hábitos saudáveis?

2 André estava pesquisando sobre dietas na internet e encontrou uma matéria com o seguinte título:

> Perca 10 quilogramas em uma semana fazendo a dieta da sopa!

- A internet é o lugar adequado para descobrir dietas para perder peso? Por quê?

Agora é com você

3 Observe as imagens.

Nas horas livres, Marina tem o hábito de jogar *videogame*. Teresa prefere andar de bicicleta.

a) Para suprir suas necessidades de alimentação, as duas crianças devem comer os mesmos tipos de alimento e nas mesmas quantidades? Por quê?

_____

_____

_____

_____

b) Se tiverem dietas semelhantes e continuarem com os mesmos hábitos, qual das duas crianças tem maior chance de ficar com excesso de peso?

_____

_____

_____

4 Leia o texto sobre excesso de peso na população brasileira.

> "Ao mesmo tempo que o Brasil conseguiu superar a fome – alcançando níveis inferiores a 5% desde 2014, quando o país saiu do mapa da fome da ONU –, vêm aumentando nos últimos anos os índices de sobrepeso e obesidade", afirmou o representante da FAO no Brasil, Alan Bojanic, citado por um comunicado das Nações Unidas sobre o relatório. [...]
>
> Um dos motores do aumento do sobrepeso na América Latina é cultural, e diz respeito a uma mudança generalizada nos padrões de consumo, afirma o relatório.
>
> Segundo o texto, muitas famílias vêm trocando os pratos tradicionais, preparados em casa com alimentos frescos, por alimentos ultraprocessados e de baixa qualidade nutricional, com alto conteúdo de açúcares, sódio e gorduras. [...]
>
> NÍVEIS de obesidade e sobrepeso no Brasil são preocupantes, diz ONU. **Folha de S.Paulo**. Caderno Equilíbrio e Saúde. Disponível em: <www1.folha.uol.com.br/equilibrioesaude/2017/01/1852954-niveis-de-obesidade-e-sobrepeso-no-brasil-sao-preocupantes-diz-onu.shtml>. Acesso em: 17 maio 2018.

a) No primeiro parágrafo do texto, o representante da FAO (sigla em inglês para Organização das Nações Unidas para a Alimentação e a Agricultura) no Brasil relata que, apesar da superação da fome, dois índices preocupantes vêm aumentando em nosso país. Quais são eles?

b) O texto aponta um fator cultural como um dos motores do aumento de peso na América Latina. Qual?

O caminho do alimento

Maçã, alface, batata, arroz, feijão... Tudo o que comemos segue um caminho pelo nosso corpo através do **sistema digestório**. Ao longo desse trajeto, o alimento vai se transformando. Ao final do processo, a água e os nutrientes que compõem os alimentos são aproveitados pelo nosso organismo. O que sobra é eliminado nas fezes.

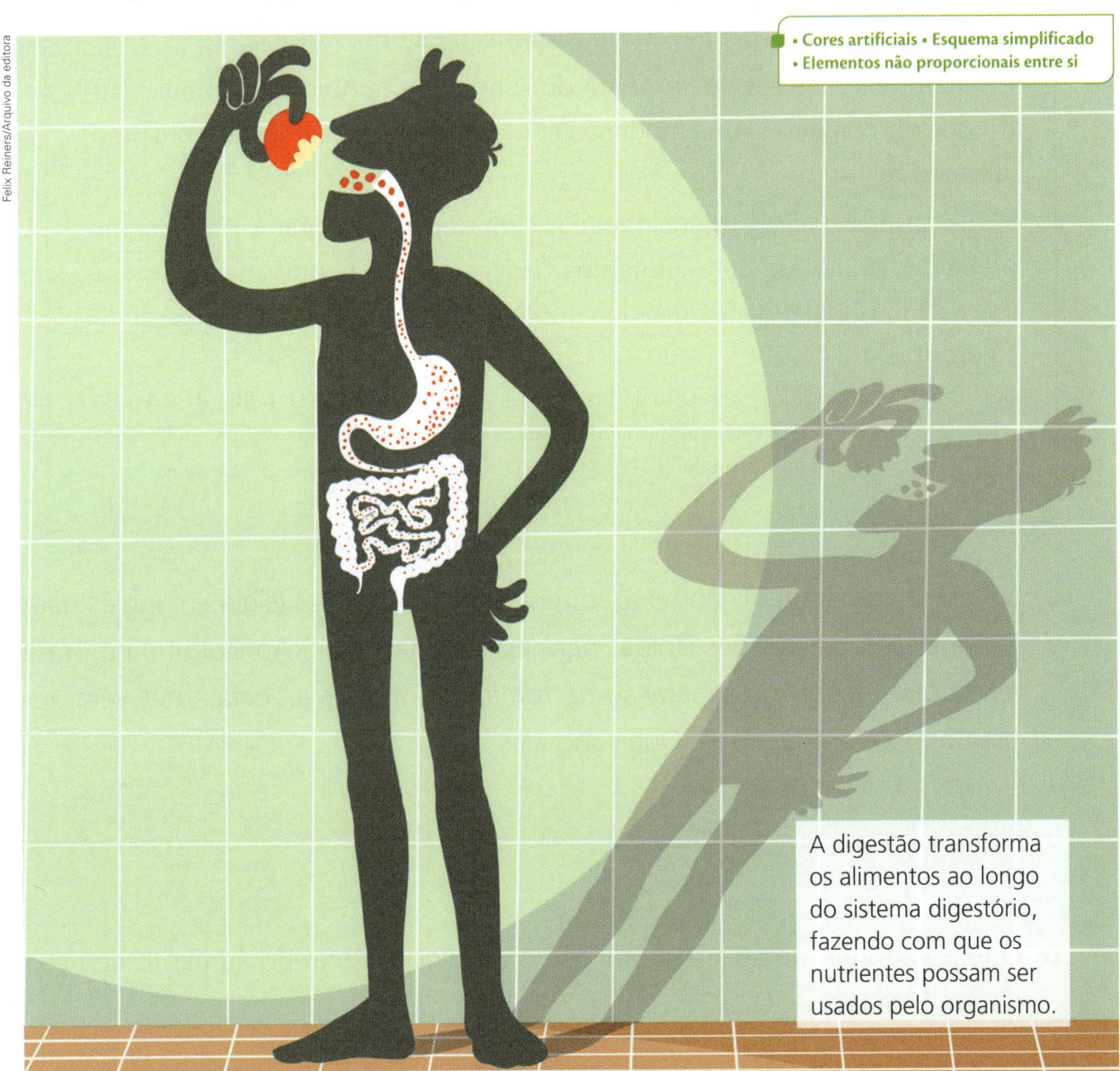

• Cores artificiais • Esquema simplificado
• Elementos não proporcionais entre si

A digestão transforma os alimentos ao longo do sistema digestório, fazendo com que os nutrientes possam ser usados pelo organismo.

Ao longo do sistema digestório, o alimento passa por vários **órgãos**, como a boca, o estômago e o intestino. Nesses locais, **sucos digestivos** agem sobre os alimentos transformando-os em partes cada vez menores.

Depois de "quebrados" em pedaços bem pequenos, os alimentos podem ser absorvidos pela parede do intestino e penetram nos vasos sanguíneos.

Acompanhe os números da ilustração e veja o que acontece na digestão.

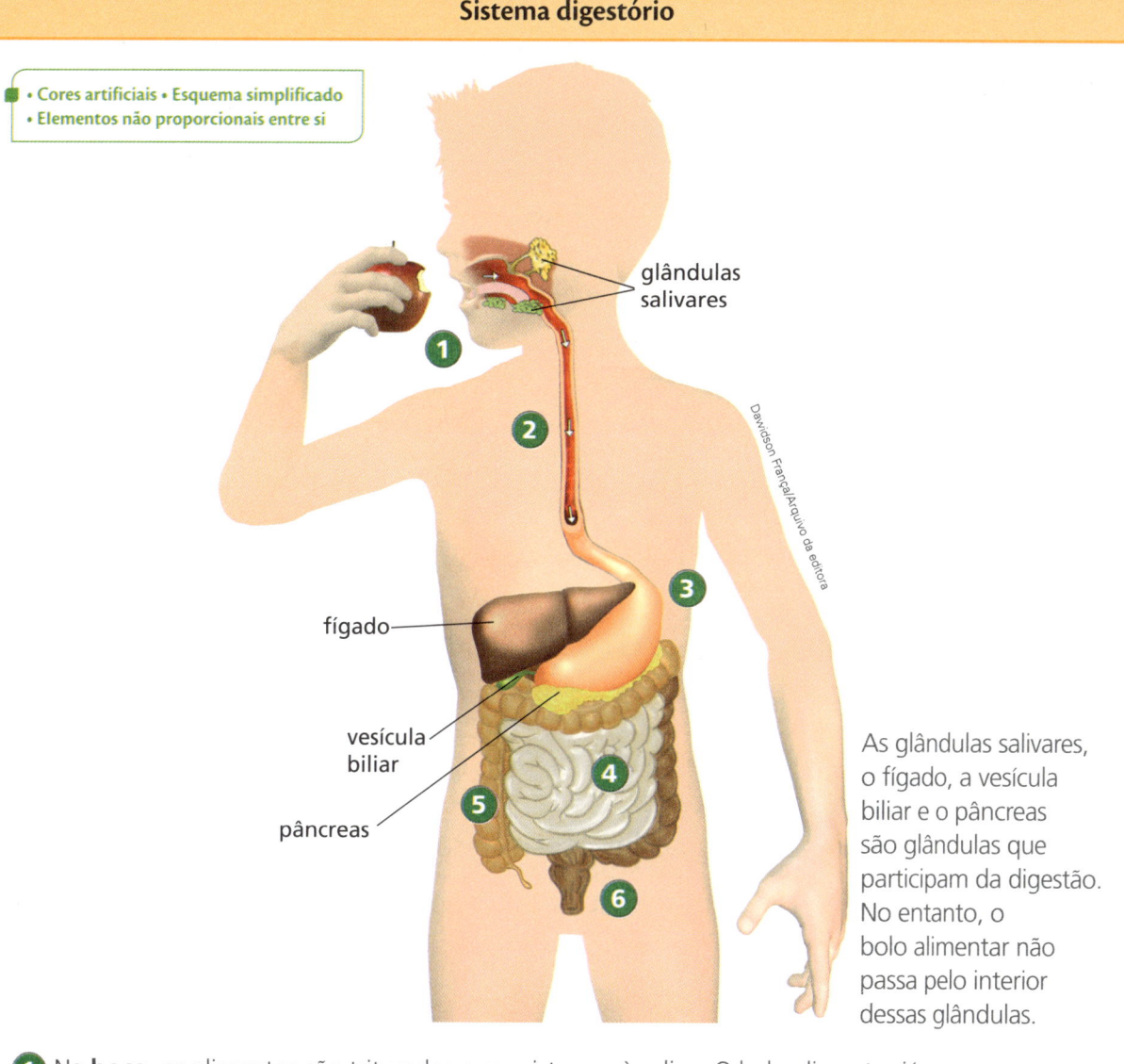

Sistema digestório

- Cores artificiais • Esquema simplificado
- Elementos não proporcionais entre si

glândulas salivares

fígado

vesícula biliar

pâncreas

As glândulas salivares, o fígado, a vesícula biliar e o pâncreas são glândulas que participam da digestão. No entanto, o bolo alimentar não passa pelo interior dessas glândulas.

1 Na **boca**, os alimentos são triturados e se misturam à saliva. O bolo alimentar já começa a ser digerido e é empurrado para o esôfago com a ajuda da língua.

2 Movimentos musculares do **esôfago** empurram o bolo alimentar até chegar ao estômago.

3 No **estômago**, o bolo alimentar é digerido pelo suco gástrico e passa pouco a pouco para o intestino delgado.

4 No **intestino delgado**, o bolo alimentar recebe a bile, produzida no fígado e armazenada na vesícula biliar. A bile auxilia na digestão das gorduras. Outros sucos digestivos completam a digestão. Os nutrientes, agora reduzidos a seu menor tamanho, assim como a água, atravessam a parede do intestino e entram no sangue. O que não foi digerido segue para o intestino grosso.

5 No **intestino grosso**, há também absorção de água. Tudo o que não foi digerido, como as fibras dos vegetais, segue para o reto.

6 No **reto**, as fibras dos alimentos vegetais estimulam a eliminação das fezes pelo **ânus**.

Fonte: TORTORA, Gerard J.; GRABOWSKI, Sandra Reynolds. **Corpo humano** – fundamentos de Anatomia e Fisiologia. Porto Alegre: Artmed, 2006.

Vamos investigar

Dentes para quê?

Você sabia que os dentes têm uma importante função no processo digestivo? Vamos simular aqui a função deles na digestão.

Material

- dois saquinhos transparentes de plástico
- dois elásticos de borracha
- duas bolachas de água e sal ou de maisena
- dois copos com água

Como fazer

1. Coloque uma bolacha dentro de cada saquinho.
2. Quebre uma bolacha e deixe a outra inteira.
3. Coloque água nos saquinhos até a metade e feche-os bem com os elásticos.
   Antes de prosseguir, anote suas **hipóteses** respondendo às perguntas abaixo.

   a) O que vai acontecer com a bolacha quebrada se você chacoalhar o saquinho algumas vezes?

   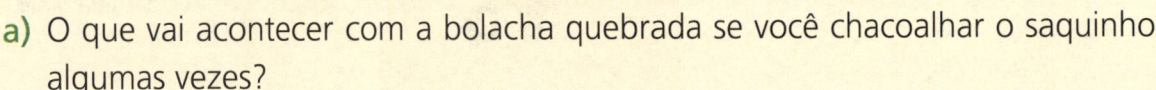

   b) O que vai acontecer com a bolacha inteira se você chacoalhar o saquinho algumas vezes?

   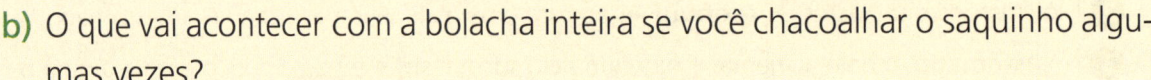

4. Chacoalhe dez vezes cada saquinho. Depois, veja o que aconteceu com as bolachas em cada saquinho e anote o que observou.

Conclusão

1 Suas hipóteses foram confirmadas?

....

....

2 Qual parte da digestão pode ser comparada ao experimento com uma bolacha inteira e outra quebrada?

....

....

3 O que a água representa nesse experimento?

....

4 Faça uma comparação entre o experimento e a mastigação de uma bolacha.

....

....

....

Pensando sobre os resultados

- A troca de dentes de leite por dentes definitivos ocorre entre 6 e 12 anos. As crianças têm 20 dentes de leite e os adultos têm 32 dentes permanentes. Você já trocou todos os seus dentes de leite?

....

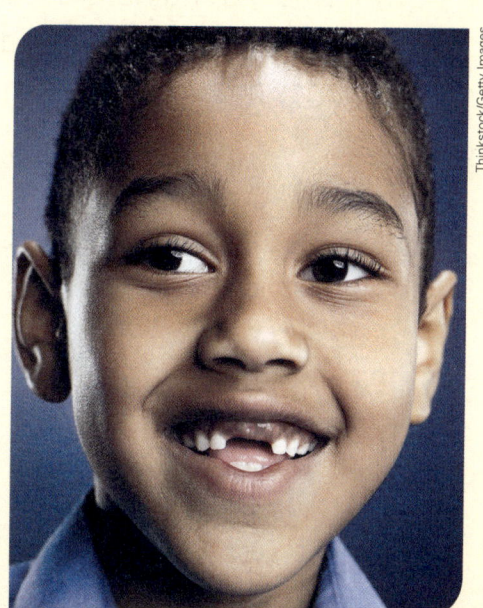

Pedro ainda está trocando os dentes.

Agora é com você

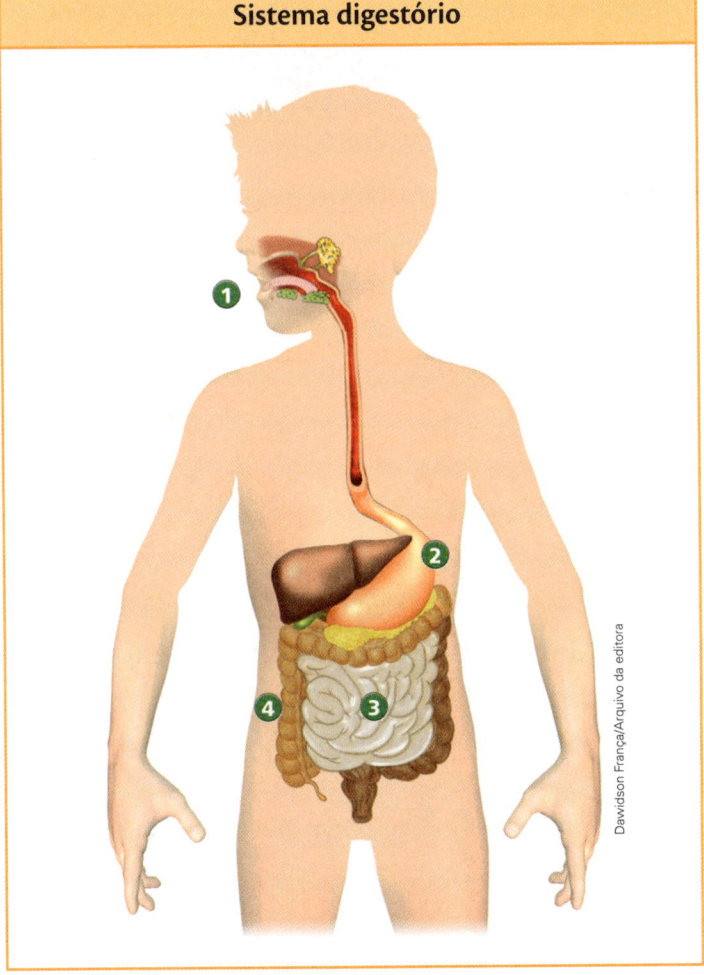

- Cores artificiais • Esquema simplificado
- Elementos não proporcionais entre si

Sistema digestório

Fonte: TORTORA, Gerard J.; GRABOWSKI, Sandra Reynolds. **Corpo humano** – fundamentos de Anatomia e Fisiologia. Porto Alegre: Artmed, 2006.

1. Observe a ilustração.

   a) Identifique cada parte numerada.

   b) Onde ocorre a digestão?

   c) Onde os nutrientes são absorvidos?

   d) Como os nutrientes são transportados a todas as partes do corpo?

   e) Para que parte do sistema digestório segue a parte dos alimentos que não é absorvida?

   f) De que forma os resíduos da digestão são eliminados do corpo?

2 Os legumes e as verduras, o bagaço das frutas, as sementes e os alimentos integrais contêm fibras.

a) Quais desses alimentos você come diariamente?

b) As fibras dos vegetais não são digeridas. Por que elas são importantes para a saúde?

3 A ilustração mostra o comprimento do tubo digestório em relação à altura do menino.

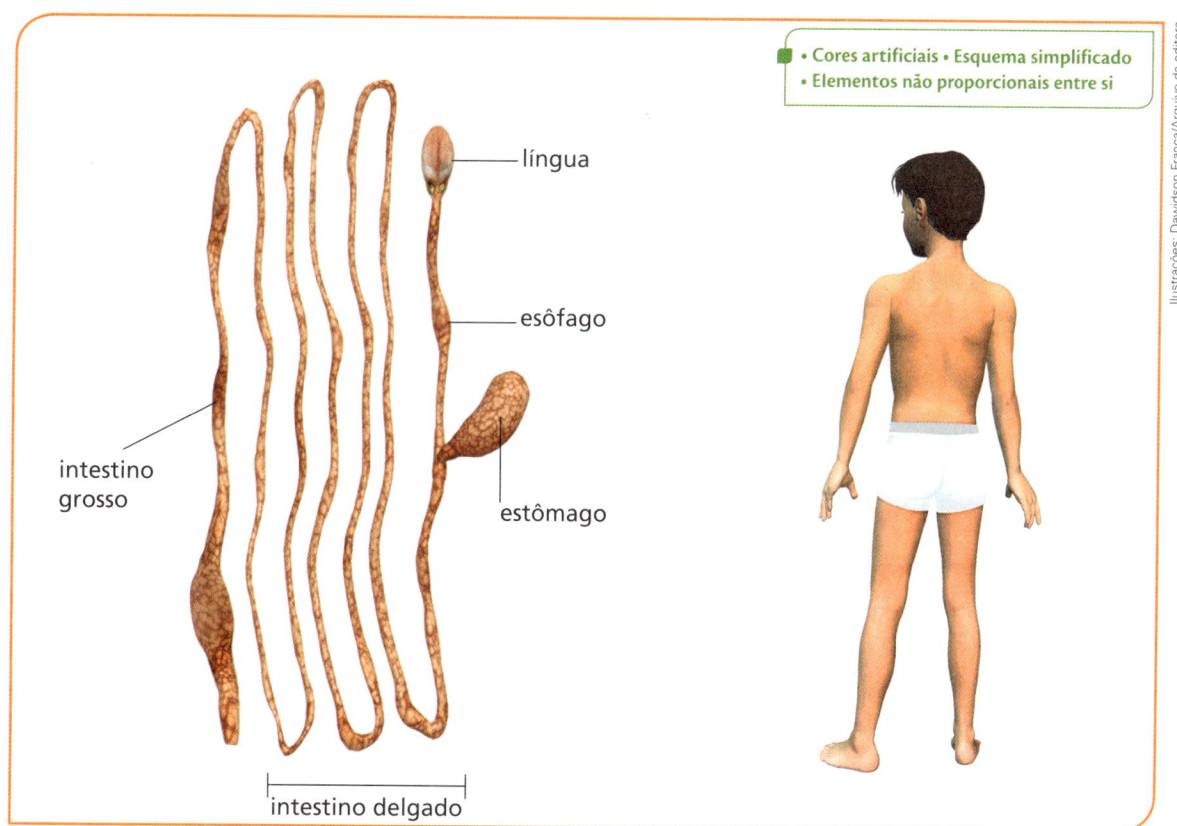

• Cores artificiais • Esquema simplificado
• Elementos não proporcionais entre si

O tubo digestório foi estendido nessa ilustração para mostrar seu comprimento em relação à altura do menino.

• Qual é a vantagem de termos um intestino delgado tão longo?

Como o corpo está organizado?

Nosso corpo é formado por vários **sistemas** que precisam atuar em conjunto. Um exemplo é o sistema digestório, discutido nesta unidade, que é responsável pela digestão e absorção dos nutrientes presentes nos alimentos.

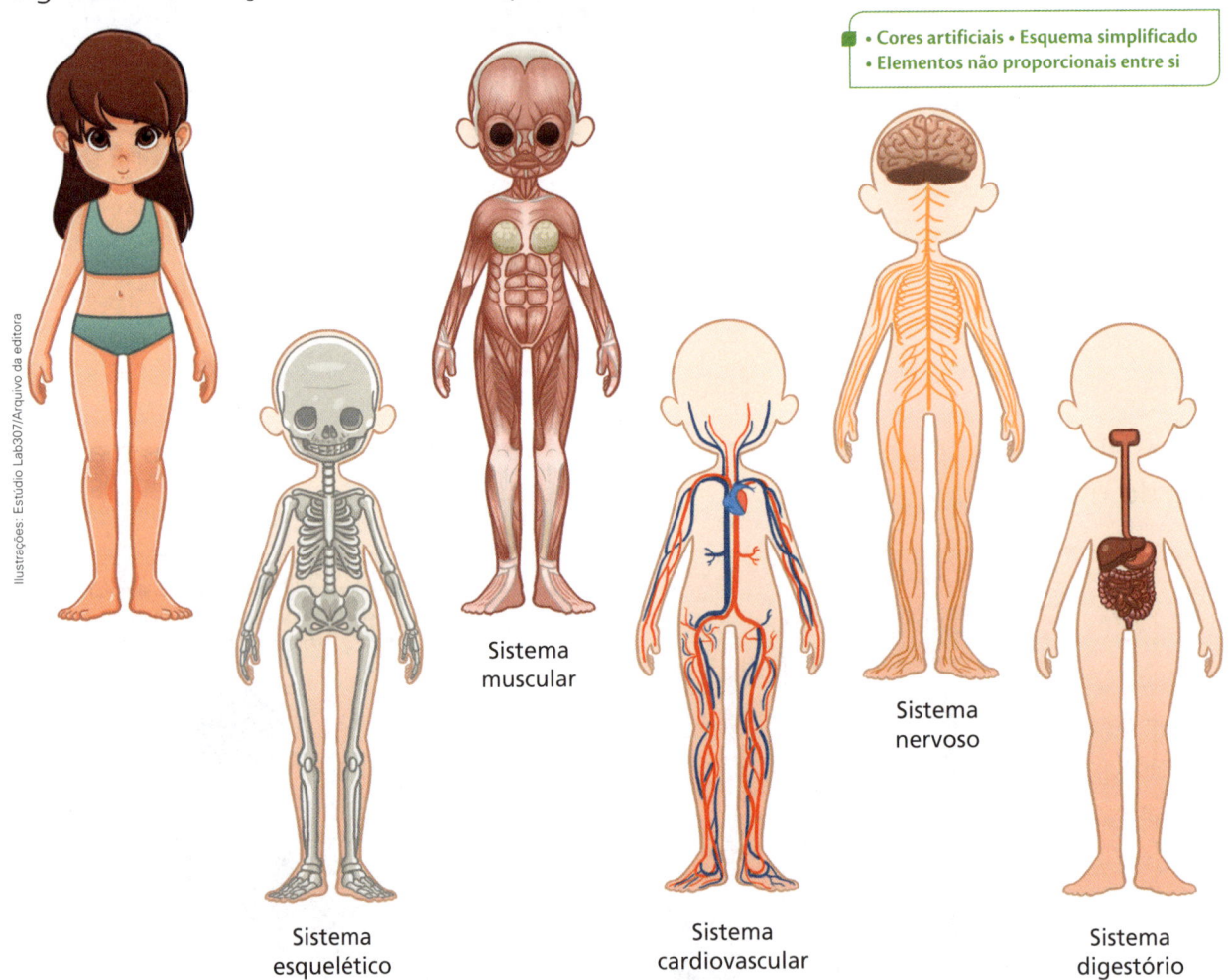

• Cores artificiais • Esquema simplificado
• Elementos não proporcionais entre si

Sistema muscular
Sistema esquelético
Sistema cardiovascular
Sistema nervoso
Sistema digestório

Alguns exemplos de sistemas do corpo humano.

Níveis de organização

Cada sistema do corpo humano é formado por órgãos, como o estômago e o intestino. Os órgãos, por sua vez, são formados por **tecidos**. A parede do estômago, por exemplo, é formada por várias camadas de tecidos. Esses tecidos são formados por **células**, que são as menores partes vivas do corpo.

Sistemas, órgãos, tecidos e células representam alguns **níveis de organização** dos organismos. Assim, células formam tecidos, tecidos formam órgãos e órgãos formam sistemas. Os sistemas, enfim, atuam conjuntamente e permitem a realização de todas as funções e atividades do corpo humano.

• Cores artificiais • Esquema simplificado
• Elementos não proporcionais entre si

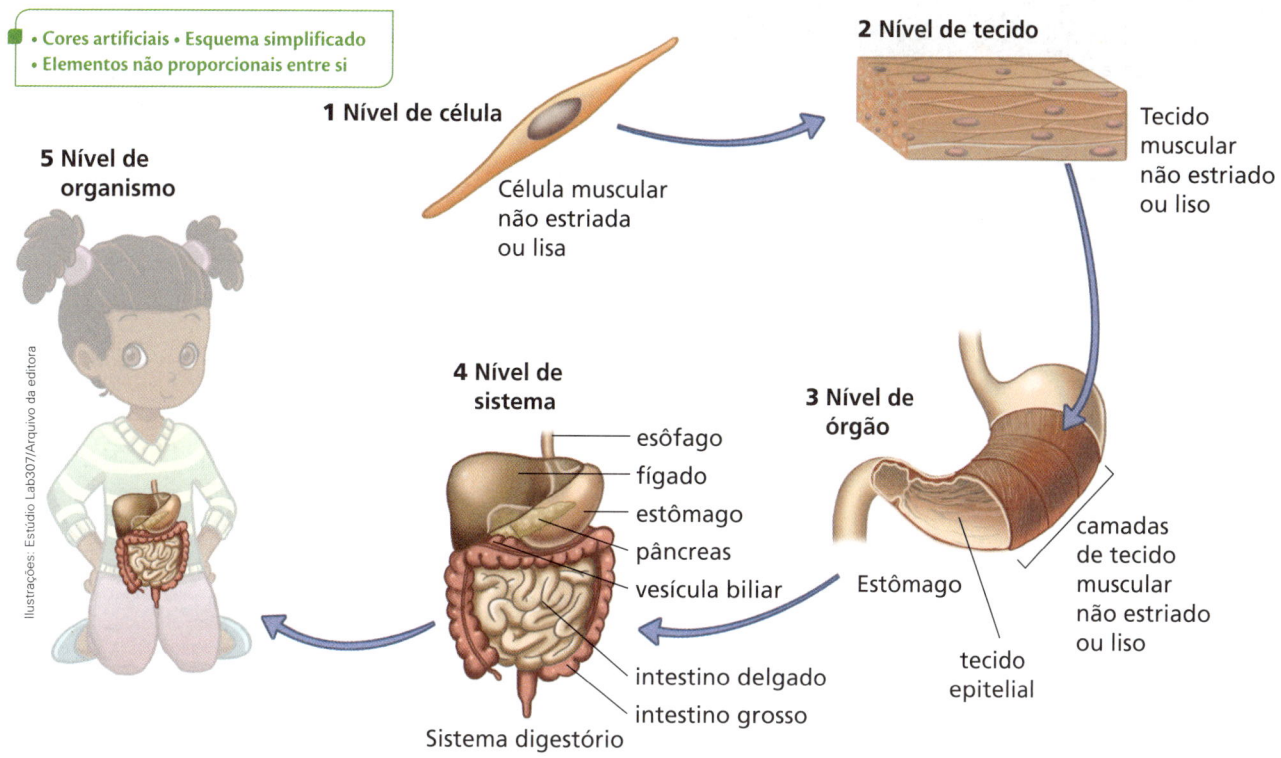

Níveis de organização do corpo humano.

Célula, a unidade da vida

Nosso corpo possui uma quantidade enorme de células. Elas são tão pequenas que não podemos vê-las a olho nu. Para se manterem vivas, todas as células precisam receber:

- nutrientes dos alimentos trazidos pelo sangue. Alguns deles, como já vimos, fornecem energia. Outros são utilizados para formar mais material vivo, ou seja, material para formar novas células;

- gás oxigênio, também trazido pelo sangue, necessário para a vida da célula.

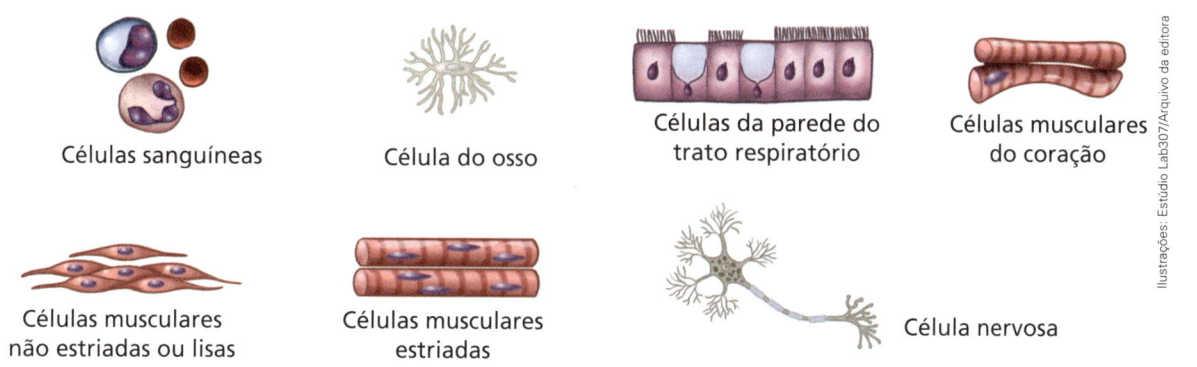

As células podem ter diferentes tamanhos, mas não conseguimos vê-las a olho nu.

Em muitos tecidos, as células se multiplicam. Primeiro, elas crescem e depois se dividem em duas, cada uma em mais duas, e assim por diante. Isso permite o crescimento do nosso corpo até a fase adulta. Nos adultos, as células novas substituem aquelas que morrem ao longo da vida.

Agora é com você

• Cores artificiais • Esquema simplificado
• Elementos não proporcionais entre si

1 Que sistema está representado na imagem ao lado?

língua — boca — esôfago — estômago — intestino grosso — intestino delgado — reto — ânus

2 Dê quatro exemplos de órgãos que formam esse sistema.

3 Os órgãos são formados por tecidos. Que estruturas formam os tecidos?

4 Ordene as palavras do quadro partindo da maior para a menor parte viva.

| sistemas | órgãos | células | tecidos | organismo |

5 O corpo é formado por vários sistemas. Um deles é o sistema esquelético. Quais são os órgãos desse sistema?

6 As células precisam dos nutrientes dos alimentos. Qual é o caminho feito pelos nutrientes desde que nos alimentamos até chegarem às células?

Autoavaliação

Agora é hora de pensar sobre o que você experimentou e aprendeu. Marque um **X** na opção que melhor representa seu desempenho.

1. Conheço os tipos de alimento e sua função no corpo.			
2. Sou capaz de analisar uma refeição, percebendo se está esquilibrada quanto à presença de nutrientes e suas proporções.			
3. Entendo a necessidade da digestão.			
4. Identifico o trajeto dos alimentos no corpo.			
5. Reconheço os níveis de organização do organismo.			
6. Compreendo que as células são unidades dos organismos.			

Sugestões

 Para ler

- **A alimentação – Por que não podemos comer só batata frita?**, de Françoise Rastoin-Faugeron. Editora Ática.

    Duas crianças visitam o palácio das delícias e lá aprendem muito sobre alimentação.

- **Você é o que você come? – Um guia sobre tudo o que está no seu prato!**, de Dorling Kindersley. Editora Moderna.

    Livro em formato de almanaque que trata das curiosidades sobre os alimentos e a alimentação.

 Para acessar

- chc.cienciahoje.uol.com.br/saude-a-mesa/

    O que você precisa comer – e fazer – para crescer forte e saudável? Rex e Diná, os mascotes da revista *Ciência Hoje das Crianças*, dão a resposta.

- chc.cienciahoje.uol.com.br/a-transformacao-dos-alimentos/

    Saiba como os alimentos se transformam para serem assimilados pelo nosso corpo.

    Acesso em: 8 maio 2018.

UNIDADE 2

Eu respiro

Nesta unidade você vai:

- Conhecer a composição do ar.
- Perceber por que não conseguimos ficar sem respirar.
- Identificar os órgãos que fazem parte do sistema respiratório.
- Comparar a inspiração e a expiração.
- Conhecer as consequências da poluição para o sistema respiratório.

Observe a imagem e converse com seus colegas:

1. Os seres humanos conseguem respirar debaixo d'água? Por quê?

2. Do que são formadas as bolhas que saem da boca da menina?

3. Do que é formado o ar que respiramos?

Menina mergulhando em piscina.

Do que o ar é formado?

O ar forma uma camada chamada **atmosfera**, que envolve o planeta Terra. Ele é constituído por uma mistura de gases invisíveis, sendo os três principais para os seres vivos o gás nitrogênio, o gás oxigênio e o gás carbônico.

A ilustração abaixo mostra a proporção dos gases na composição da atmosfera.

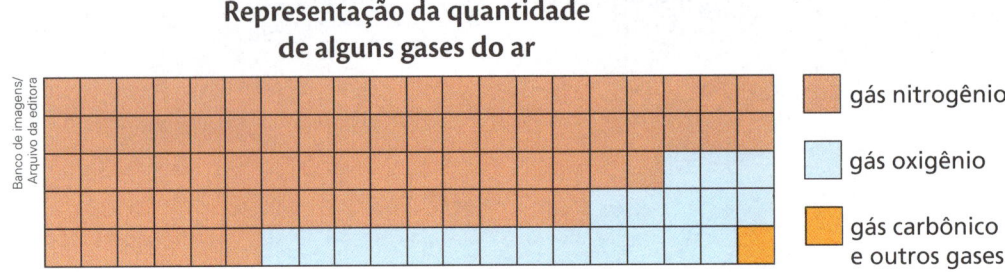

Representação da quantidade de alguns gases do ar

- gás nitrogênio
- gás oxigênio
- gás carbônico e outros gases

Na figura, usamos 100 quadrinhos: 78 representam o gás nitrogênio, 21 representam o gás oxigênio e apenas 1 quadrinho representa o gás carbônico, o gás hidrogênio, o vapor de água e outros gases. Podemos perceber, então, que a maior parte do ar é composta de gás nitrogênio. Em segundo lugar, temos o gás oxigênio.

O ar é um importante recurso natural, pois, assim como o solo e a água, é indispensável para a vida no planeta Terra.

Para a maioria dos seres vivos, o gás mais importante é o oxigênio. Os seres humanos e outros animais respiram o oxigênio que existe no ar por meio dos **pulmões**.

O gás oxigênio também é encontrado dissolvido na água e é absorvido na respiração de animais aquáticos, como os peixes. Nos peixes, o gás oxigênio é absorvido pelas **brânquias**.

As brânquias ficam debaixo desta "tampa".

Nos peixes, o ar entra pela boca, passa pelas brânquias e sai pelas aberturas laterais que eles têm de cada lado da cabeça. As brânquias absorvem o oxigênio que está dissolvido na água. A carpa-cruciana é um peixe que mede cerca de 20 cm.

💬 Se precisamos do ar para respirar, como um mergulhador pode permanecer debaixo da água por longo tempo?

Por que não consigo ficar sem respirar?

Você aprendeu que nosso organismo precisa de energia e que essa energia é retirada dos alimentos.

E por que será que nós não conseguimos ficar sem respirar?

Toda célula necessita de energia para viver. Para obter essa energia, há duas condições: receber nutrientes, como os açúcares, e receber oxigênio. Os açúcares e o oxigênio sofrem transformações, a energia é fornecida à célula e aparece o gás carbônico como resíduo.

Converse com os colegas:

1. De que forma os açúcares e o oxigênio são levados até as células?

2. Por que a digestão e a respiração são necessárias para que as células obtenham energia?

Inspirar e expirar

Respire bem fundo. Que movimento seu tórax faz quando você enche os pulmões de ar?

Agora solte todo o ar. O que aconteceu com o tórax?

Os movimentos de encher os pulmões de ar e depois soltar o ar são chamados, respectivamente, inspiração e expiração.

São os movimentos respiratórios que permitem que o ar entre e saia dos pulmões constantemente.

Antonio Guillem/Shutterstock

Para viver, as células do corpo humano necessitam do gás oxigênio obtido da respiração e de nutrientes.

Vamos investigar

A medida do tórax

Levantando hipóteses

- Quando inspiramos, o que acontece com a medida do tórax? E quando expiramos?

Material

- fita métrica

Coleta de dados

1. Peça a um colega que encha os pulmões de ar e tire a medida do tórax dele passando a fita métrica logo abaixo dos braços. Faça isso rapidamente, pois ele não deve prender por muito tempo o ar nos pulmões. Anote o resultado.

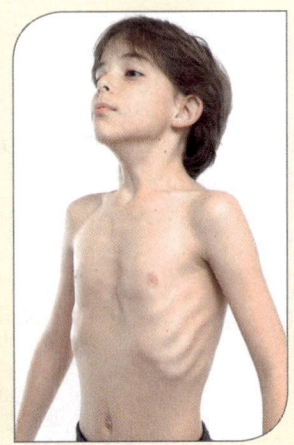

Na inspiração, o ar entra nos pulmões.

Fotos: Fernando Favoretto/Criar Imagem

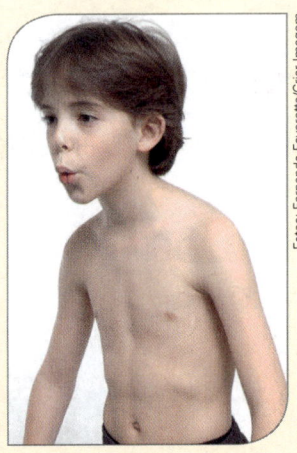

Na expiração, o ar sai dos pulmões.

2. Peça a ele que esvazie os pulmões. Faça nova medição e anote.

3. Calcule a diferença entre as duas medidas e anote o valor.

4. Agora, é seu colega quem vai medir seu tórax nas duas situações e calcular a diferença entre as medidas. Anote todos os valores.

5. Cada aluno vai anotar na lousa seus resultados, incluindo a diferença entre as medidas do tórax na inspiração e na expiração.

Conclusão

1 O que você concluiu sobre a medida do tórax na inspiração e na expiração?

_____

_____

2 Suas suposições foram confirmadas?

_____

Pensando sobre os resultados

- Observando os dados da lousa responda: As diferenças nas medidas do tórax são as mesmas para todos os alunos?

_____

Do que dependem a inspiração e a expiração?

Nossa caixa torácica, durante a inspiração, aumenta de volume tanto no sentido horizontal como no sentido vertical. O inverso ocorre na expiração.

Na atividade da página 36, você percebeu que, na inspiração, o diâmetro da caixa torácica aumenta no sentido horizontal. Isso se deve a músculos que levantam e abaixam as costelas.

A caixa torácica também aumenta de volume na vertical, durante a inspiração, graças ao diafragma, um grande músculo que separa a caixa torácica do abdome. O diafragma está representado em vermelho no esquema.

Quando o diafragma se contrai, ele abaixa, o volume da caixa torácica aumenta na vertical e o ar enche os pulmões.

Quando o diafragma relaxa, ele sobe, o volume da caixa torácica diminui e o ar sai dos pulmões.

• Cores artificiais • Esquema simplificado
• Elementos não proporcionais entre si

Veja as imagens abaixo.

Inspiração

o ar entra

caixa torácica

pulmão

diafragma contraído

Expiração

o ar sai

pulmão

diafragma relaxado

Ilustrações: Osni de Oliveira/Arquivo da editora

Na inspiração (à esquerda), o ar entra nos pulmões; na expiração (à direita), o ar sai dos pulmões.

UNIDADE 2

O caminho do ar

Já vimos que os seres humanos precisam do gás oxigênio que existe no ar. Mas você sabe qual é o caminho que o ar percorre no nosso corpo?

• Cores artificiais • Esquema simplificado
• Elementos não proporcionais entre si

Esquema indicando o caminho do ar em nosso sistema respiratório.

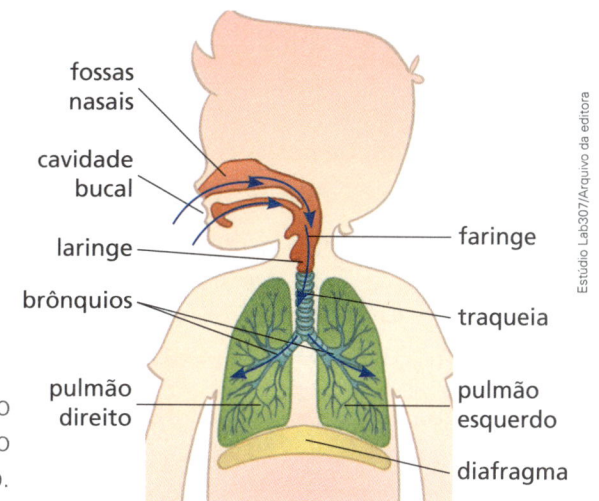

O ar pode entrar em nosso corpo pelo nariz ou pela boca. Ao entrar pelo nariz, chega às fossas nasais, onde são retidas as sujeiras do ar. O ar também pode entrar pela boca, como quando estamos fazendo alguma atividade física e nosso corpo precisa de muito mais ar. Isso só é possível porque a faringe faz parte tanto do sistema digestório como do sistema respiratório.

A laringe possui uma espécie de tampa que abre e fecha, a epiglote, que se fecha quando estamos engolindo um alimento. Isso evita que o alimento entre no sistema respiratório.

• Cores artificiais • Esquema simplificado
• Elementos não proporcionais entre si

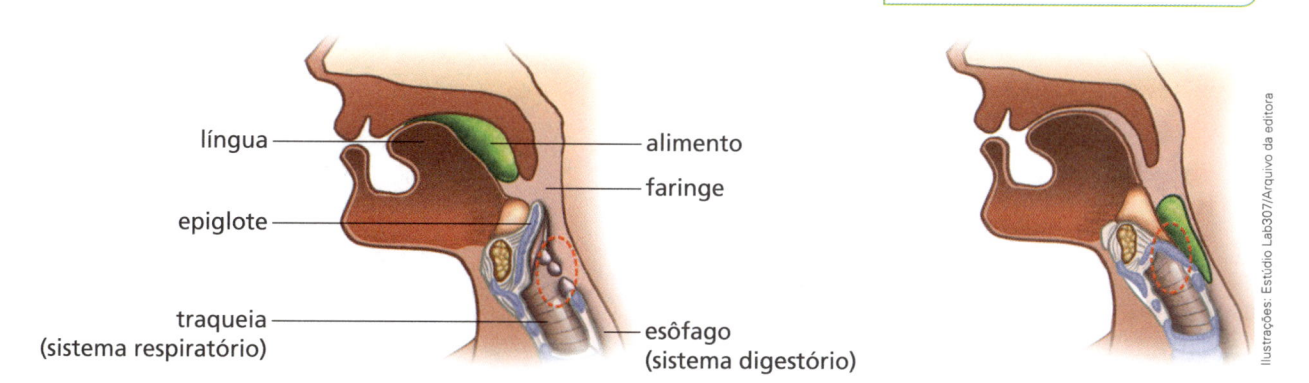

A epiglote abaixa e fecha a entrada da traqueia quando passa alimento ou bebida.

Não conseguimos engolir e respirar ao mesmo tempo, pois a epiglote se fecha, impedindo a passagem de ar pela laringe. Na laringe, também se encontram as pregas vocais. É através da passagem de ar que as pregas vibram e é possível falar.

Depois de descer pela laringe, o ar chega aos brônquios, que levam oxigênio aos pulmões esquerdo e direito.

O ar que inspiramos é igual ao ar que expiramos?

O ar que inspiramos é o ar atmosférico. Como vimos, esse ar é composto de gás nitrogênio, gás oxigênio, gás carbônico, entre outros. O vapor de água também está presente em pequena quantidade.

Nosso corpo precisa do gás oxigênio para obter energia. Assim, nossas células consomem gás oxigênio e nutrientes, produzindo gás carbônico e água.

Nos pulmões, o sangue absorve o oxigênio do ar inspirado. Esse gás oxigênio é usado para abastecer todas as células do nosso corpo. As células usam o oxigênio e produzem gás carbônico. O sangue então leva o gás carbônico produzido para os pulmões, onde esse gás é liberado. Esse processo é conhecido como trocas gasosas.

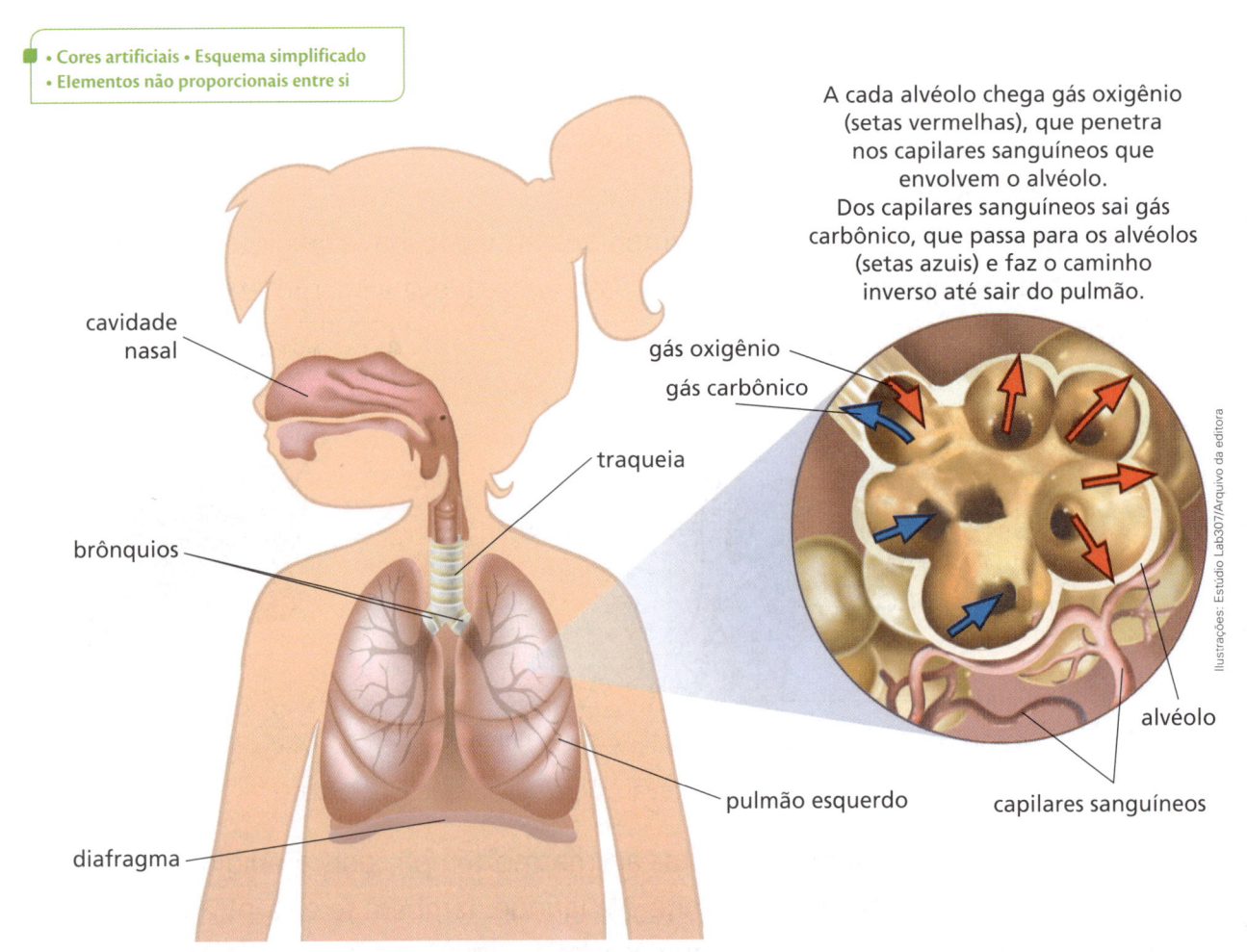

- Cores artificiais • Esquema simplificado
- Elementos não proporcionais entre si

A cada alvéolo chega gás oxigênio (setas vermelhas), que penetra nos capilares sanguíneos que envolvem o alvéolo.
Dos capilares sanguíneos sai gás carbônico, que passa para os alvéolos (setas azuis) e faz o caminho inverso até sair do pulmão.

Esquema das trocas gasosas que acontecem nos pulmões.

• Qual é a principal diferença entre o ar que inspiramos e o ar que expiramos?

Agora é com você

1 Nambikwara, Kamayurá, Marubo, Baniwa, Manoki, Waiwai e Guarani são alguns grupos indígenas que utilizam a flauta em suas festas e rituais. Observe as fotos e responda.

Flautas uruá e indígena tocando uma flauta uruá. Aldeia Aiha, do grupo Kalapalo, no Parque Indígena do Xingu, em Querência, Mato Grosso.

a) Tawanã inspirou ar e depois soprou a flauta. O ar que saiu da flauta tem menos ou mais oxigênio que o ar que Tawanã inspirou? Por quê?

b) O ar que saiu da flauta tem mais gás carbônico do que o ar que Tawanã inspirou. Por que isso acontece?

Agora é com você

2 Faça o desenho do caminho do ar desde que ele é inspirado pelo nariz até chegar aos pulmões.

3 Em que parte desse trajeto ocorrem as trocas gasosas?

_____

4 Explique o movimento do músculo diafragma durante a inspiração e a expiração.

_____

_____

_____

5 Complete as lacunas com as palavras corretas.

a) O movimento de _____ aumenta o tamanho da caixa torácica.

b) O movimento de _____ diminui o tamanho da caixa torácica.

A qualidade do ar

Quando observamos de cima uma grande cidade, é possível ver uma imagem como a da foto abaixo (à esquerda). A faixa cinzenta é formada por poluentes visíveis, como aqueles liberados pelos escapamentos de alguns caminhões.

A poluição atmosférica é causada por materiais lançados no ar, como a fumaça de carros e de chaminés de fábricas, prejudicando a qualidade do ar. Quando a qualidade do ar está ruim, todos sofrem prejuízos: plantas, animais e seres humanos. Pessoas que moram em locais em que o ar está muito poluído podem desenvolver doenças no sistema respiratório, como asma e bronquite.

Camada de poluição encobrindo a cidade do Rio de Janeiro, Rio de Janeiro, 2015.

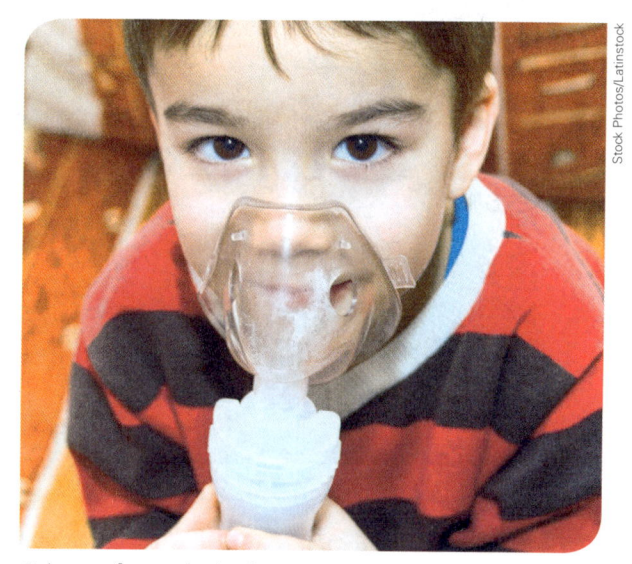

Criança fazendo inalação para respirar melhor.

Veja a seguir alguns dos principais poluentes do ar.

- **Gás carbônico**: é liberado, principalmente, pelos veículos e pelas fábricas. Ele é um componente normal do ar, mas se torna poluente quando em quantidade grande.

Caminhão circulando na cidade de Salvador, Bahia, 2014.

- **Monóxido de carbono**: também é produzido por veículos e fábricas. É um gás altamente tóxico para os seres vivos, por isso respirar grande quantidade de monóxido de carbono pode levar à morte.
- **Dióxido de enxofre**: é produzido, principalmente, pelas indústrias. É o responsável pelo ardor que sentimos nos olhos e no nariz nos dias de muita poluição. Quando misturado com a água da chuva, produz a **chuva ácida**, que corrói prédios e monumentos.

Passarela corroída por causa da poluição e da chuva ácida em São Paulo, São Paulo, 2014.

Vamos falar sobre...

Os malefícios do cigarro

Você sabia que o cigarro contém mais de 4 500 substâncias tóxicas?

E o cigarro não é tóxico somente para quem fuma. As pessoas que ficam em contato com a fumaça são chamadas "fumantes passivos", pois correm os mesmos riscos que os fumantes apenas por respirar a fumaça tóxica liberada pelo cigarro.

Por causa do seu risco à saúde, diversas medidas foram tomadas para reduzir a presença do cigarro, como proibir o fumo em lugares públicos e em lugares fechados, bem como vetar anúncios em veículos de comunicação.

- Quais outras medidas podem ser tomadas para impedir que mais pessoas sejam afetadas pelo cigarro?

Por que espirramos?

Mas, afinal, por que espirramos? Vamos descobrir?

O espirro é uma reação involuntária do nosso organismo, provocada principalmente pela presença de microrganismos em nossas vias respiratórias, isto é, no nariz, na garganta e na boca. Esses microrganismos podem ser vírus ou bactérias, relacionados a doenças como gripes e resfriados, ou partículas como pólen e poeira, que incomodam bastante quem tem alergia a essas substâncias. Quando nosso organismo detecta a presença desses microrganismos, providencia um espirro – um forte jato de ar que sai pelo nariz e a boca e pode chegar a até 160 km por hora! Junto com todo esse ar lá se vão os microrganismos intrusos!

FONTOURA, Paula Renata. **Atchim! Você sabe por que espirramos?**. Disponível em: <www.invivo.fiocruz.br/cgi/cgilua.exe/sys/start.htm?infoid=1373&sid=8>. Acesso em: 27 jun. 2017.

Quando estamos gripados ou resfriados, espirramos muito. Por isso, é importante proteger a boca e o nariz, para não contaminar outras pessoas, afinal ao espirrarmos liberamos para o ambiente os microrganismos causadores da doença.

- Em quais situações você costuma espirrar?

Agora é com você

1 Complete as frases com as palavras que faltam.

a) O _____ é produzido pelos seres vivos na respiração. Ele também é um poluente produzido pelas indústrias e pelos veículos.

b) O _____ é muito tóxico e pode levar à morte.

c) A _____ é formada quando o dióxido de enxofre se mistura com a água da chuva. Ela pode corroer monumentos.

2 Leia as orientações abaixo.

Evite lugares malventilados e com aglomeração.

Use toalhas e copos limpos em ambientes coletivos.

Ao tossir ou espirrar, leve um lenço descartável ao nariz e à boca.

Lave as mãos com água e sabão com frequência.

- Por que é importante lavar as mãos após espirrar?

_____

_____

3 Elabore com os colegas uma campanha contra o fumo. Construam cartazes alertando sobre os perigos do cigarro para os fumantes e para as crianças que convivem com fumantes. Exponham os trabalhos na escola.

Autoavaliação

Agora é hora de pensar sobre o que você experimentou e aprendeu. Marque um **X** na opção que melhor representa seu desempenho.

	😄	🤔	😐
1. Conheço a composição do ar.			
2. Entendo por que não conseguimos ficar sem respirar.			
3. Identifico os órgãos que fazem parte do sistema respiratório.			
4. Sei a diferença entre inspirar e expirar.			
5. Conheço as consequências da poluição para o sistema respiratório.			

Sugestões

📖 Para ler

- **A respiração** e **Os pulmões e o ar**. (Coleção Era uma vez o corpo humano). Editora Globo/Planeta.

  Os títulos dessa coleção apresentam o assunto de maneira bem divertida e com muitas ilustrações.

- Epa! Fumaça, não!. Revista **Ciência Hoje das Crianças**, ano 12, n. 92. SBPC.

  Quais os efeitos da fumaça do cigarro no organismo do fumante e de quem está próximo dele?

  Leia a reportagem e veja o que acontece no sistema respiratório dos fumantes.

🖱 Para acessar

- http://tvescola.mec.gov.br

  Veja como funciona o sistema respiratório, como são os órgãos desse sistema e os motivos de espirrarmos.

  Pesquise por: "De onde vem o espirro?".

  Acesso em: 8 maio 2018.

UNIDADE 3
Sangue: distribuição de nutrientes e eliminação de resíduos

Nesta unidade você vai:

- Reconhecer os órgãos do sistema cardiovascular.
- Relacionar o sistema cardiovascular a outros sistemas do corpo humano.
- Compreender a função do sangue.
- Entender os movimentos do coração.
- Relacionar o sistema urinário ao sistema cardiovascular.
- Compreender como os resíduos são eliminados do nosso corpo.
- Reconhecer a importância da água para nosso organismo.

Observe a imagem e converse com seus colegas:

1. Que órgão do paciente a médica está examinando?
2. O que você sabe sobre esse órgão?

O estetoscópio é um instrumento utilizado por profissionais da saúde para amplificar determinados sons do corpo.

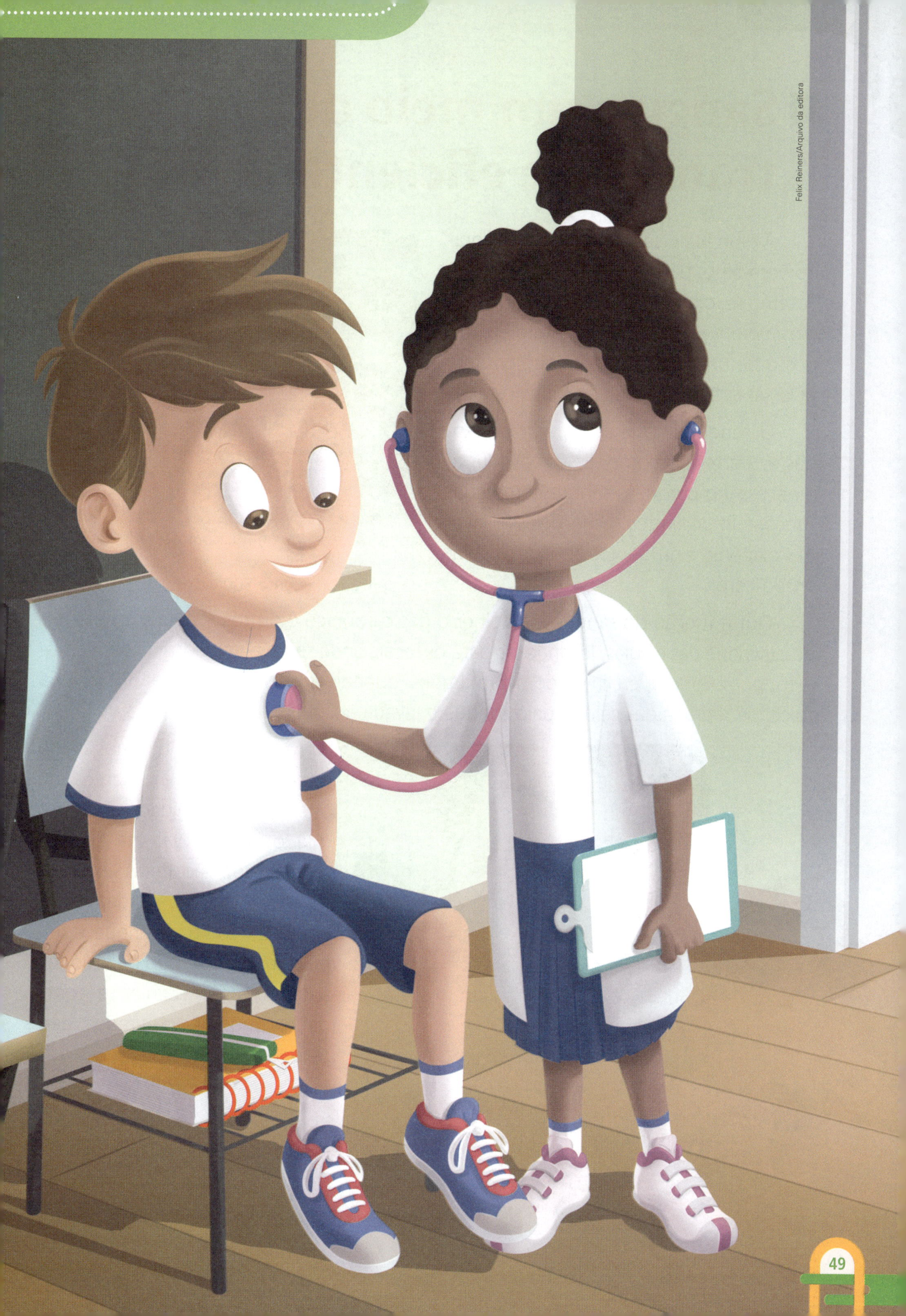

Felix Reiners/Arquivo da editora

Sangue: um meio de transporte eficiente

A olho nu, o sangue parece um líquido vermelho, de cor intensa e uniforme. Porém, se olharmos através de um microscópio, veremos que o sangue é composto de uma parte líquida (que contém diversas substâncias) e de muitas células.

O sangue circula sem parar por todas as partes do corpo. Esse movimento é necessário porque o sangue tem várias funções importantes. Uma delas é levar gás oxigênio e nutrientes a todas as células do corpo.

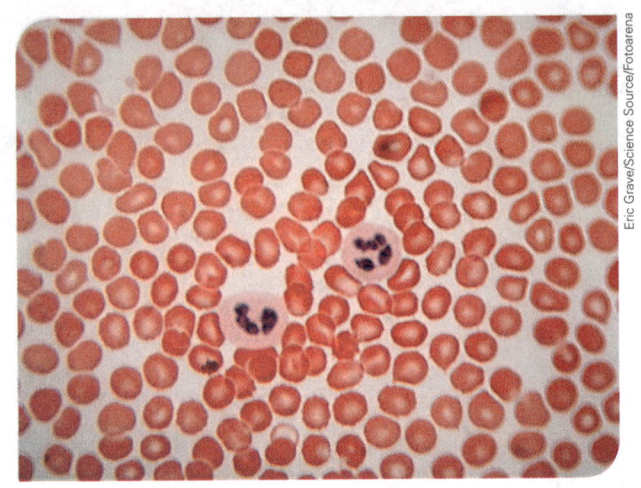

Amostra de sangue humano observada através de um microscópio, com ampliação de aproximadamente 500 vezes.

Outra função do sangue é recolher o gás carbônico e outros resíduos resultantes da atividade das células, levando-os para os locais onde serão eliminados. O gás carbônico, por exemplo, é eliminado nos pulmões, quando expiramos. A ureia, um resíduo tóxico, é retirada das células pelo sangue e levada aos rins, que produzem a urina.

Na unidade 1, vimos como o sangue retira nutrientes do intestino. Na unidade 2, vimos que o sangue vai até os pulmões, onde são feitas as trocas de gases. Nesta unidade, vamos entender como o sangue é impulsionado por todo o corpo, no sistema cardiovascular, e como os resíduos são retirados dele pelo sistema urinário.

Os nutrientes obtidos da digestão de alimentos são distribuídos pelo corpo através do sangue.

UNIDADE 3

Vamos falar sobre...

Doação de sangue

Doar sangue é um ato de solidariedade. Cada doação pode salvar a vida de até quatro pessoas. E é este pensamento que Adalto Carvalho leva a cada vez que pratica o ato. Doador frequente há 15 anos, o motorista conta que se orgulha de poder ajudar. "Sei que já salvei muitas vidas com isso e quero salvar muitas vezes mais. Chego a doar até quatro vezes por ano. Falo muito para os mais jovens da importância de doar sangue. É muito bom a pessoa fazer isso", conta. [...]

A importância da doação regular de sangue.
Disponível em: <www.blog.saude.gov.br/35615-a-importancia-da-doacao-regular-de-sangue.html>. Acesso em: 8 maio 2018.

- Muitas pessoas que fazem uma atividade voluntária dizem que, no final, quem mais se beneficia são elas próprias. Você consegue identificar essa sensação no relato de Adalto?

Sistema cardiovascular

Sistema cardiovascular ou sistema circulatório é o nome dado ao coração e ao conjunto de vasos sanguíneos pelos quais circula o sangue.

Os vasos sanguíneos são como "tubos" que carregam o sangue e que podem ser finos ou largos, dependendo de onde estão localizados no corpo. São os movimentos do **coração** que fazem o sangue circular por todos esses tubos, ao longo do corpo.

- Cores artificiais
- Esquema simplificado
- Elementos não proporcionais entre si

vasos sanguíneos mais grossos

coração

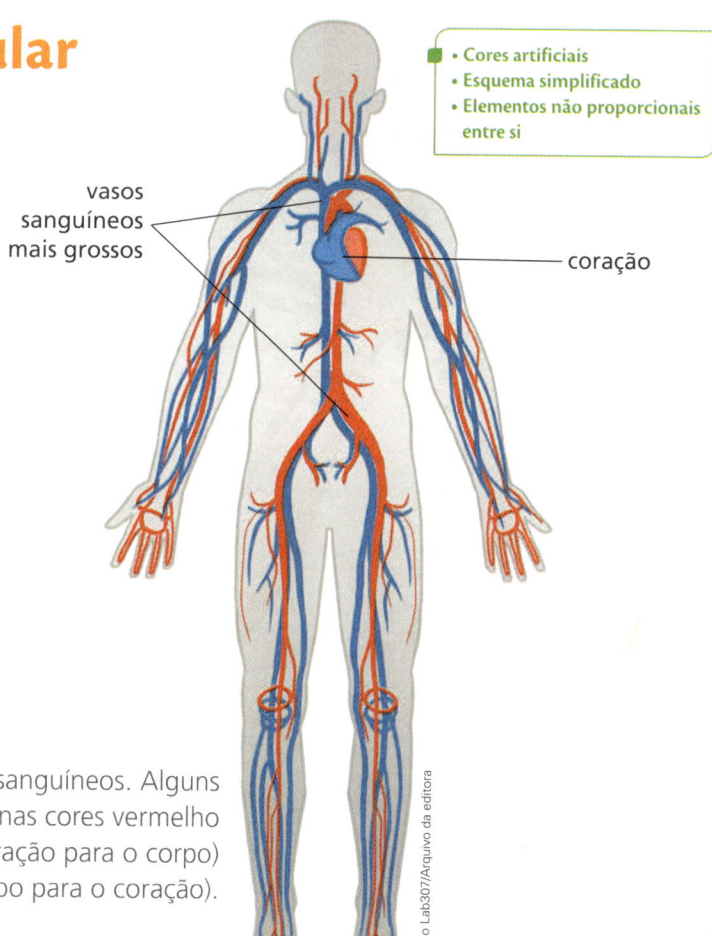

O sangue circula dentro dos vasos sanguíneos. Alguns deles estão representados na figura, nas cores vermelho (conduzem o sangue do coração para o corpo) e azul (conduzem o sangue do corpo para o coração).

Vasos sanguíneos e suas funções

Os vasos sanguíneos podem ser veias, artérias ou capilares.

O sangue sempre **sai** do coração pelas artérias, chega aos capilares e sempre **volta** ao coração pelas veias.

Ao saírem do coração, as **artérias** se ramificam em artérias cada vez menores, que chegam aos vasos capilares, que são vasos finíssimos.

Os **capilares** formam uma imensa rede nos tecidos. Deles, sai o líquido que banha as células, levando gás oxigênio e nutrientes. O mesmo líquido retira das células o gás carbônico e outros resíduos, e, finalmente, volta ao sangue dos capilares.

Os capilares desembocam em **veias** muito finas, que se juntam formando veias mais grossas e acabam retornando ao coração.

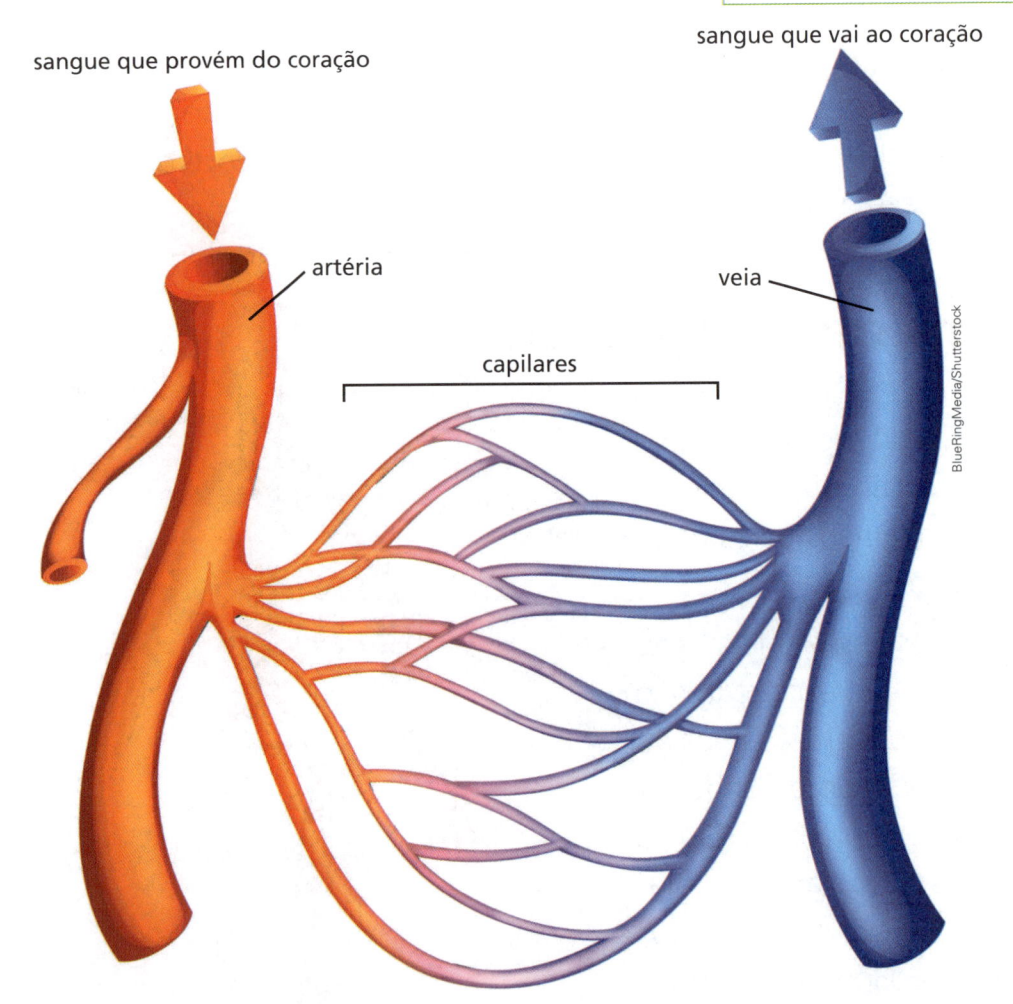

• Cores artificiais • Esquema simplificado
• Elementos não proporcionais entre si

Relação entre artérias, veias e capilares.

Assim, dos três tipos de vaso, apenas os capilares **trocam** substâncias com as células. Isso porque suas paredes são muito finas, permitindo a entrada e a saída de muitos materiais.

O coração

Você já sentiu o coração bater mais rápido depois de alguma atividade física intensa? Isso acontece porque o coração pode acelerar seus batimentos em algumas situações e voltar ao normal pouco tempo depois.

Em algumas situações, como quando praticamos esportes, podemos sentir nosso coração bater mais rápido.

O coração se contrai e relaxa o tempo todo independentemente da nossa vontade. Esses movimentos são chamados batimentos cardíacos. Essa capacidade de contração e relaxamento é possível porque o coração é um músculo. Ao lado, podemos observar onde fica o coração: na região do peito, um pouco virado para a esquerda.

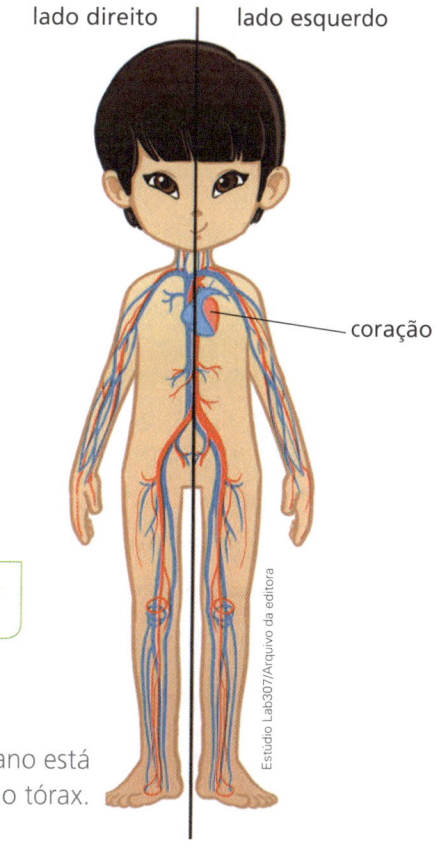

• Cores artificiais • Esquema simplificado
• Elementos não proporcionais entre si

O coração humano está localizado no tórax.

Por que meu coração bate?

O coração de cada pessoa tem o tamanho aproximado de seu punho fechado. Ele é formado por quatro espaços chamados **câmaras** ou **cavidades**: duas do lado esquerdo e duas do lado direito. As câmaras recebem o sangue do corpo e o empurram para fora do coração. Ao fazer esse movimento, o coração funciona como uma bomba, que distribui o sangue para todo o corpo.

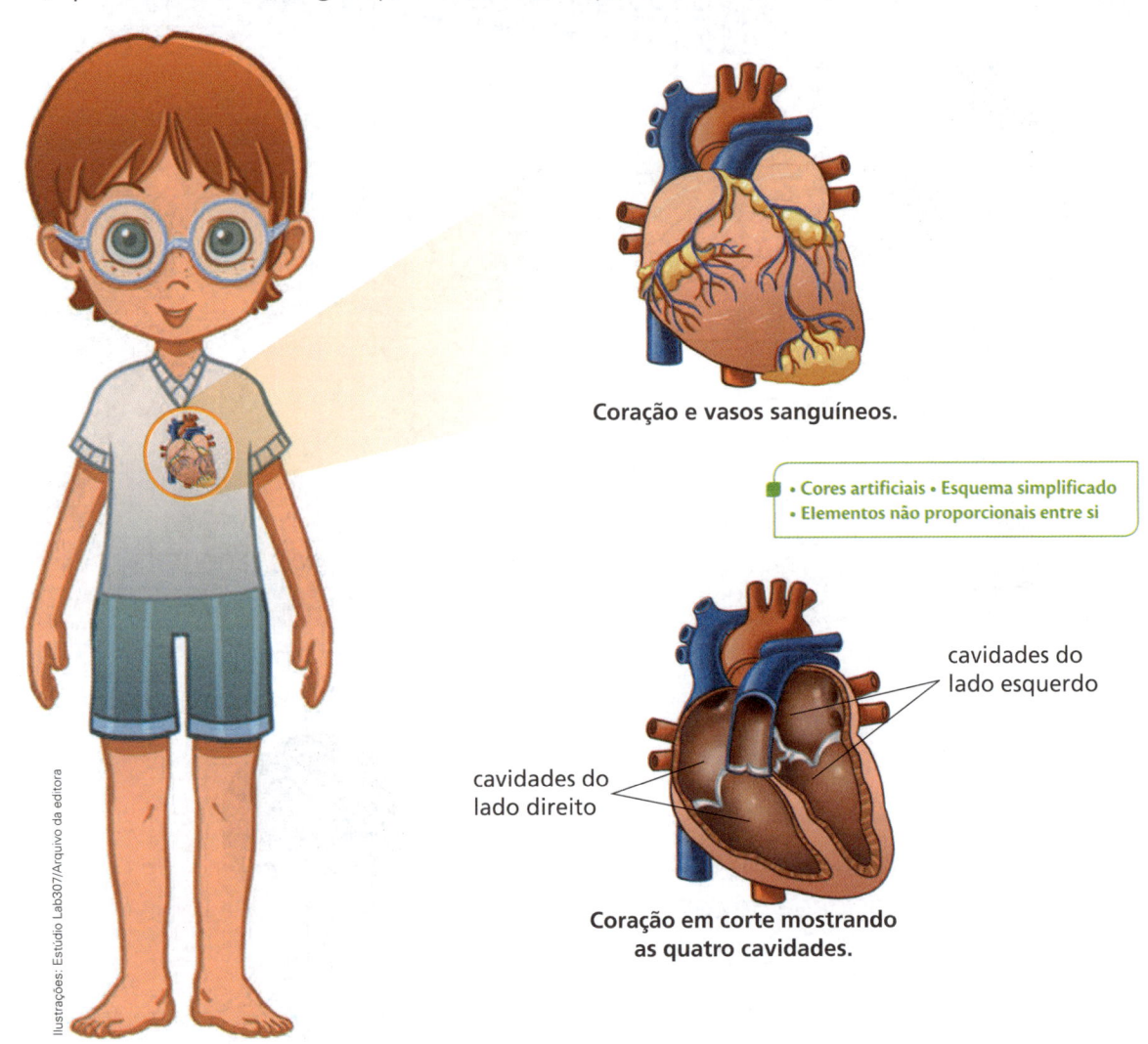

Coração e vasos sanguíneos.

• Cores artificiais • Esquema simplificado
• Elementos não proporcionais entre si

cavidades do lado esquerdo

cavidades do lado direito

Coração em corte mostrando as quatro cavidades.

Coração: aspecto externo (no detalhe de cima) e visto em corte (no detalhe de baixo, em que se veem as cavidades internas).

Quando o coração se contrai, ele diminui de tamanho, expulsando o sangue que está dentro dele para as artérias, vasos sanguíneos que saem do coração. Quando o órgão relaxa, ele aumenta de tamanho, recebendo o sangue que vem de diferentes partes do corpo através de veias, vasos sanguíneos que chegam ao coração.

- Para manter os músculos das pernas e dos braços em forma, precisamos exercitá-los com atividades físicas regulares. Você acha que o mesmo vale para o coração?

Vamos investigar

Contando as pulsações

Nesta atividade, vamos investigar nossos batimentos cardíacos em diferentes situações.

Levantando hipóteses

Você conhece um exercício físico chamado polichinelo? É um exercício muito usado como aquecimento para outras atividades físicas e envolve a movimentação alternada de braços e pernas.

- **Se você fizer uma sequência de polichinelos, como acha que vão ficar seus batimentos cardíacos em relação a uma situação de repouso?**

Como fazer

1. Formem duplas.
2. Escolham uma pessoa da dupla para sentir a própria pulsação. Para isso, deverá colocar os dedos indicador e médio da mão esquerda um pouco abaixo do pulso direito e na direção do polegar. Então, deverá pressionar levemente o pulso e mover os dedos até sentir as pulsações.

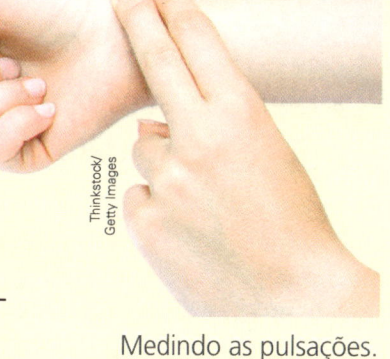

Medindo as pulsações.

3. Enquanto um aluno da dupla conta as próprias pulsações, o outro deverá contar 15 segundos no relógio. O resultado deve ser multiplicado por quatro para obter o número de pulsações por minuto (60 segundos). Registrem o resultado.

4. Agora, o aluno que mediu sua pulsação vai fazer polichinelos por 30 segundos. Em seguida, esse mesmo aluno vai contar suas pulsações enquanto o colega conta 15 segundos no relógio. Multipliquem o resultado por quatro e registrem o resultado.

Vamos investigar

5. Por fim, invertam as funções: o aluno que começou medindo suas pulsações vai controlar o tempo, e o aluno que estava controlando o tempo vai medir as próprias pulsações antes e depois do exercício. Registrem os resultados.

Conclusão

1 Em qual situação o número de pulsações foi maior: antes ou depois do exercício físico?

2 Sua hipótese foi confirmada?

3 Compare seus resultados com os do colega de dupla e os dos demais colegas. Os resultados são semelhantes?

Pensando sobre os resultados

- Converse com os colegas e tentem explicar a diferença entre os resultados obtidos no repouso e depois do esforço físico.

    Lembre-se dos seguintes fatos:

    1. Os músculos, para funcionarem, necessitam de energia.
    2. A energia é obtida pela transformação de nutrientes, como os açúcares, na presença de gás oxigênio.
    3. O coração leva a todas as células nutrientes retirados do intestino, como os açúcares, e oxigênio, obtido nos pulmões.

O trajeto do sangue no corpo

A ilustração abaixo representa a circulação do sangue no corpo de uma pessoa vista de frente. Portanto, na ilustração, os lados esquerdo e direito estão invertidos em relação a quem olha para a página.

As setas mostram o caminho do sangue por apenas quatro vasos grandes e alguns capilares. Os vasos representados em vermelho contêm sangue rico em oxigênio; os representados em azul mostram sangue pobre em gás oxigênio e rico em gás carbônico.

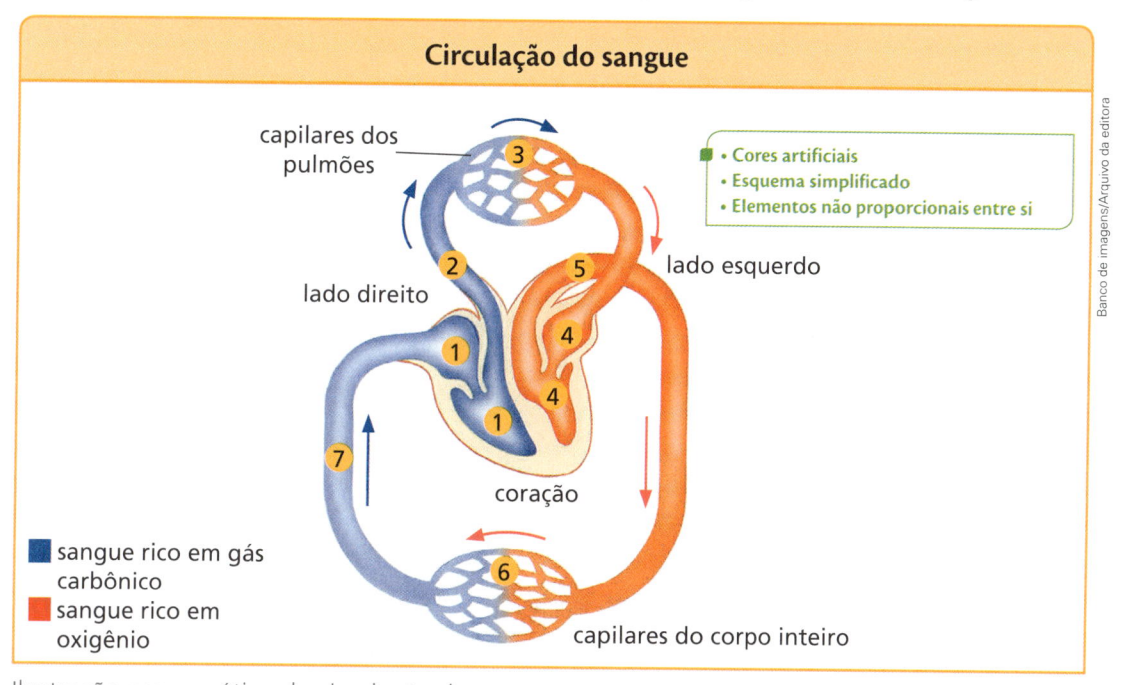

Circulação do sangue

- Cores artificiais
- Esquema simplificado
- Elementos não proporcionais entre si

capilares dos pulmões
lado direito
lado esquerdo
coração
capilares do corpo inteiro

sangue rico em gás carbônico
sangue rico em oxigênio

Ilustração esquemática da circulação do sangue no corpo.

💬 Observe a numeração do esquema. Siga o trajeto do sangue no corpo com a ajuda do professor. Converse com seus colegas e responda:

1 De onde vem o sangue com gás carbônico que chega ao lado direito do coração?

2 Que caminho faz esse sangue ao sair do coração?

3 O que acontece com esse sangue nos capilares dos alvéolos pulmonares?

4 A qual lado do coração chega o sangue oxigenado que vem dos pulmões?

5 Que caminho segue o sangue oxigenado que sai do coração?

6 O que acontece com o sangue nos capilares dos tecidos do corpo inteiro?

7 A qual lado do coração chega o sangue rico em gás carbônico transportado pelas veias?

Agora é com você

1 As células dependem do sistema respiratório, do sistema digestório e do sistema cardiovascular para obter nutrientes e oxigênio.

a) Que líquido do corpo transporta os nutrientes e o gás oxigênio até as células?

b) Qual é a função:

- das artérias?

- das veias?

- dos vasos capilares?

2 O gráfico abaixo apresenta dados de um experimento em que foi medida a pulsação de algumas pessoas da mesma idade em situações variadas. Em dupla, analise o gráfico e responda às questões.

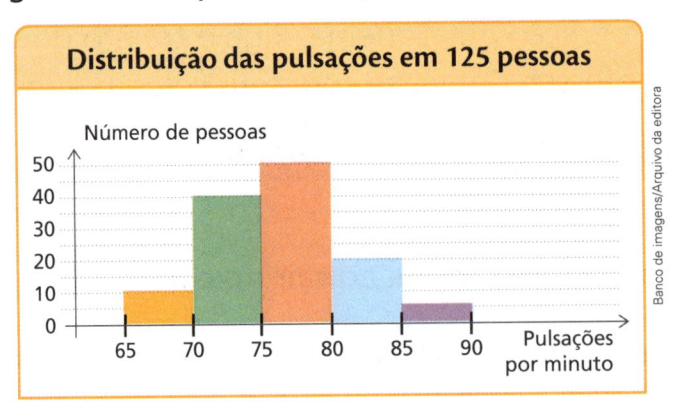

Distribuição das pulsações em 125 pessoas

Número de pessoas / Pulsações por minuto

Elaborado para fins didáticos.

a) Quantas pessoas foram avaliadas no experimento?

b) Quantas pessoas apresentaram de 75 a 80 batimentos por minuto?

c) De acordo com o que vocês aprenderam sobre o coração, qual barra melhor representa pessoas em repouso? Qual barra representa melhor pessoas fazendo algum tipo de atividade física?

d) Por que não há pessoas que apresentaram valor zero durante as medições das pulsações?

3 Leia a tirinha abaixo e responda às questões.

Fonte: Banco de imagens MSP.

a) Como seriam os batimentos cardíacos de alguém que estivesse em uma situação como a do Cascão no primeiro quadrinho? Por quê?

b) No último quadrinho, descobrimos que o Cebolinha estava dormindo. O que acontece com os batimentos cardíacos quando estamos dormindo? Justifique sua resposta.

Sistema urinário

Nós já vimos que é por meio do sangue que o corpo elimina compostos como o gás carbônico, produzido na respiração. Além do gás carbônico, as células também precisam eliminar outros resíduos, como a ureia, que são recolhidos pelo sangue.

O sangue então passa pelo sistema urinário, que funciona como um filtro, retirando do sangue os resíduos. Com esses compostos, o corpo também elimina água e o excesso de sais.

O sistema urinário é formado pelos **rins**, que filtram o sangue, e pela **bexiga urinária**, que armazena a urina produzida. Os **ureteres** conduzem a urina dos rins para a bexiga, e a **uretra** é o canal por onde a urina sai do nosso corpo.

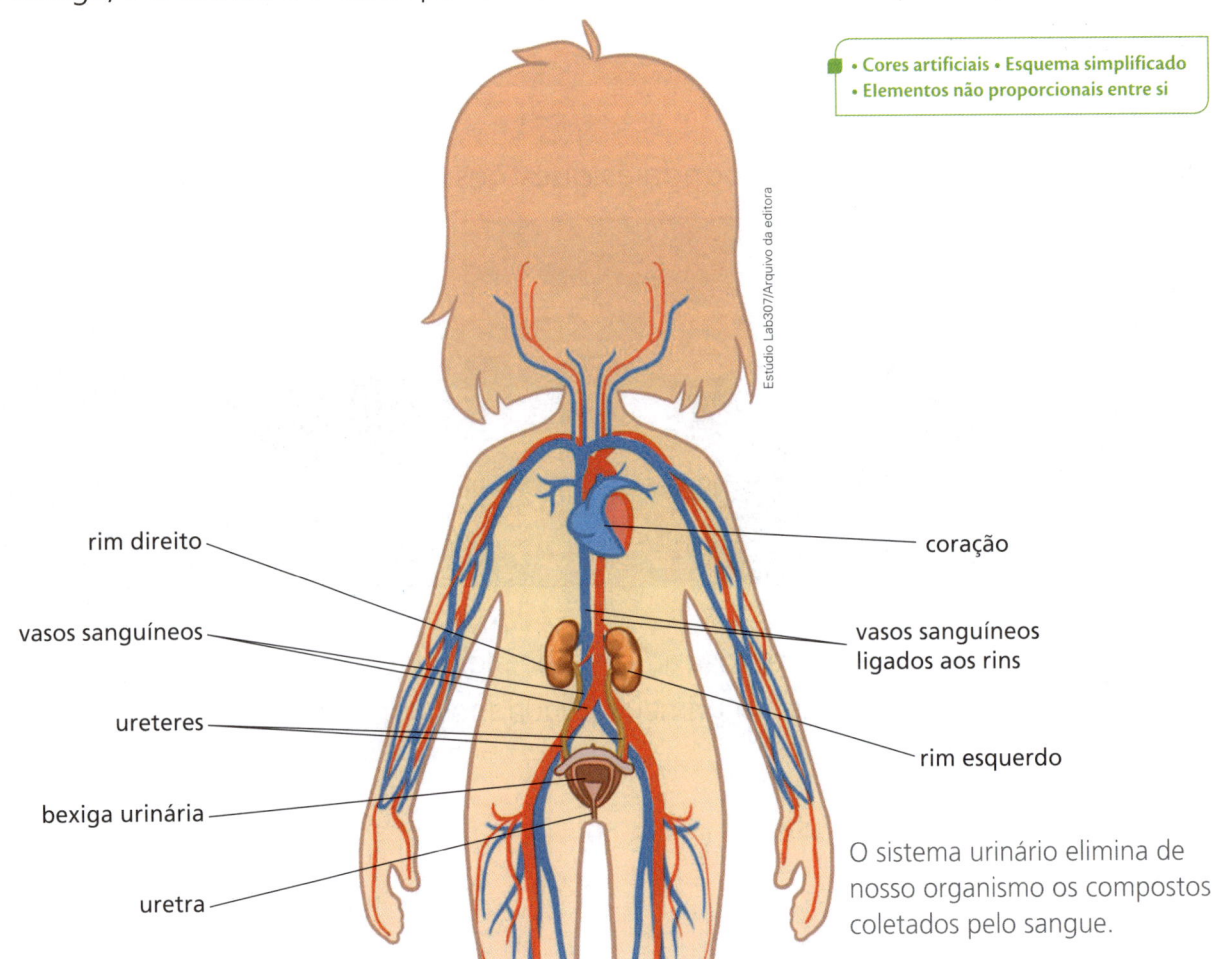

• Cores artificiais • Esquema simplificado
• Elementos não proporcionais entre si

- rim direito
- vasos sanguíneos
- ureteres
- bexiga urinária
- uretra
- coração
- vasos sanguíneos ligados aos rins
- rim esquerdo

O sistema urinário elimina de nosso organismo os compostos coletados pelo sangue.

A água em nosso corpo

A água é um componente fundamental no nosso corpo. Ela compõe o sangue, as células e outras estruturas do corpo.

Ao longo do dia, perdemos água pela transpiração, pela urina e pelas fezes. Essa água perdida precisa ser reposta, para que nosso organismo continue funcionando de forma adequada.

Perdemos água através da pele, pela transpiração.

A água que perdemos é reposta pelos alimentos e pela água que ingerimos. Dessa maneira, o equilíbrio **hídrico** do organismo é mantido.

Hídrico: relativo à água.

Para garantir o equilíbrio hídrico, nosso organismo tem mecanismos que regulam a quantidade de água e evitam a desidratação, que pode ocorrer quando a quantidade de água no corpo fica baixa.

Vamos ver, na página seguinte, de maneira simplificada, quais são e como funcionam esses mecanismos.

A sede, de William-Adolphe Bouguereau, 1886. Óleo sobre tela.

Imagine que você e seus amigos fizeram uma caminhada de uma hora em uma praia. O dia estava muito quente e vocês se esqueceram de levar água para beber.

- Cores artificiais
- Esquema simplificado
- Elementos não proporcionais entre si

Quando o corpo perde muita água, o sistema nervoso é avisado e dispara automaticamente mecanismos que economizam água.

De maneira simplificada, nosso sistema nervoso "percebe" que a quantidade de água no organismo diminuiu. Assim, ele dá dois comandos, que tendem a restabelecer o equilíbrio:

1) Ele nos faz sentir **sede** (por exemplo, ficamos com a boca seca). A sede é um aviso eficiente de que está na hora de beber água para repor o líquido perdido. A sensação de sede vai perdurar até tomarmos água.

2) A produção de urina **diminui** automaticamente. A urina fica mais amarela porque contém menos água. Essa é outra maneira de economizar água e evitar a desidratação.

Eliminação de resíduos

Os rins são os órgãos do sistema urinário que filtram o sangue, eliminando os resíduos produzidos pelas células em suas atividades.

Cada rim tem aproximadamente 12 cm de altura. Em seu interior, há cerca de 1 milhão de filtros microscópicos por onde o sangue passa. Na passagem por esses filtros, alguns componentes do sangue, como açúcares e vitaminas, voltam para a circulação sanguínea; outros, como a ureia, o excesso de água e o excesso de sais, em conjunto, constituem a urina.

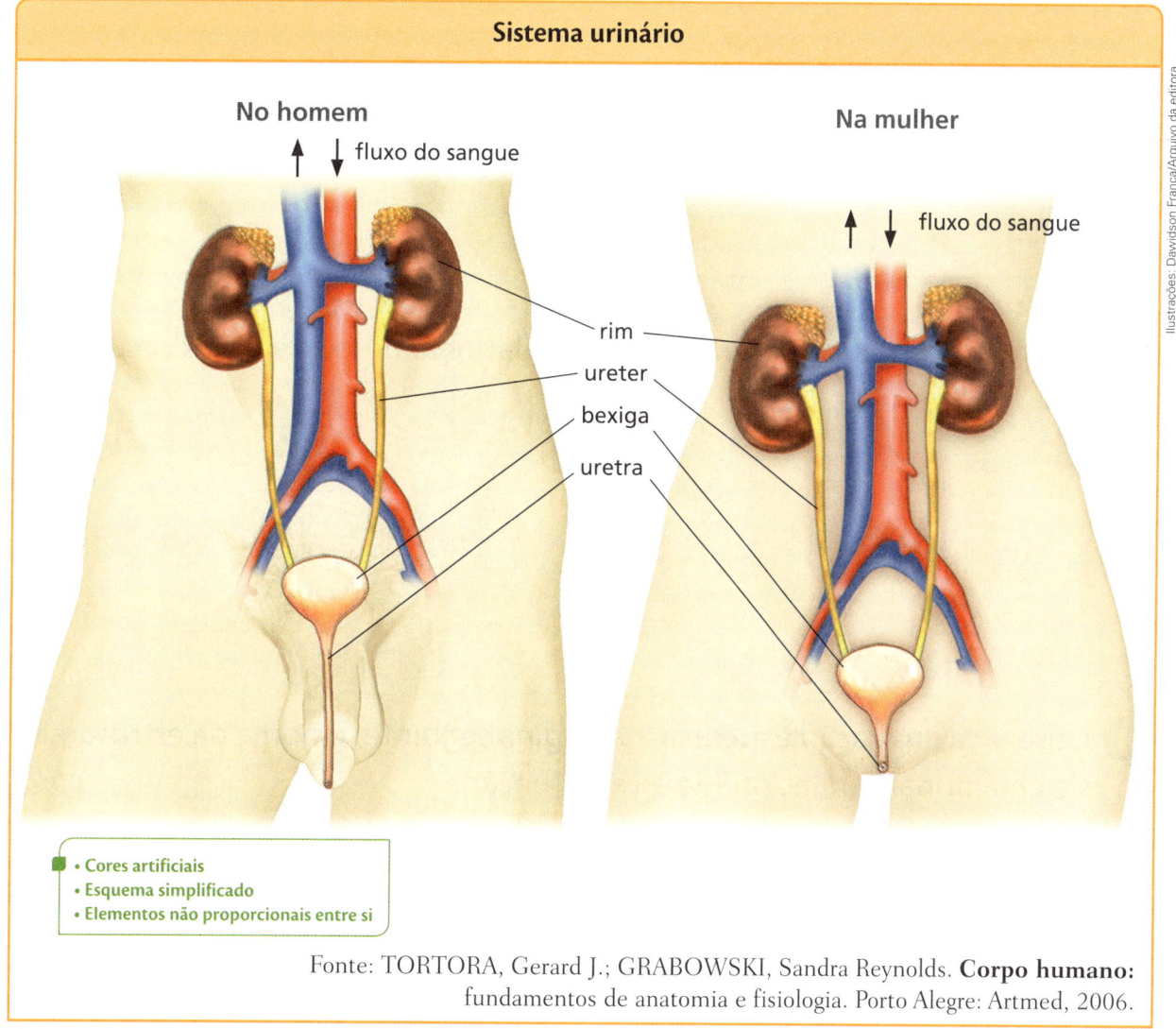

Sistema urinário

No homem — fluxo do sangue
Na mulher — fluxo do sangue

rim
ureter
bexiga
uretra

- Cores artificiais
- Esquema simplificado
- Elementos não proporcionais entre si

Fonte: TORTORA, Gerard J.; GRABOWSKI, Sandra Reynolds. **Corpo humano:** fundamentos de anatomia e fisiologia. Porto Alegre: Artmed, 2006.

Sistema urinário masculino e sistema urinário feminino.

Ao sair dos rins, a urina é encaminhada pelos ureteres até chegar à bexiga.

A bexiga é um órgão elástico que aumenta de tamanho: à medida que se enche de urina, seu volume aumenta e sentimos vontade de urinar. A vontade passa quando conseguimos esvaziar a bexiga, diminuindo o seu volume.

A urina sai do nosso corpo por um tubo chamado **uretra**.

Agora é com você

1 Escreva as ações a seguir na coluna correta.

> Comer uma fatia de melancia.   Jogar uma partida de vôlei.   Correr 100 metros.
> Comer feijão com arroz.   Tomar suco de laranja.   Fazer ginástica.

Ganho de água	Perda de água

2 Descreva a função do sistema urinário, relacionando-o ao sistema circulatório.

_____

_____

_____

3 Observe a ilustração e escreva, na página seguinte, o nome da estrutura do sistema urinário relacionada a cada função.

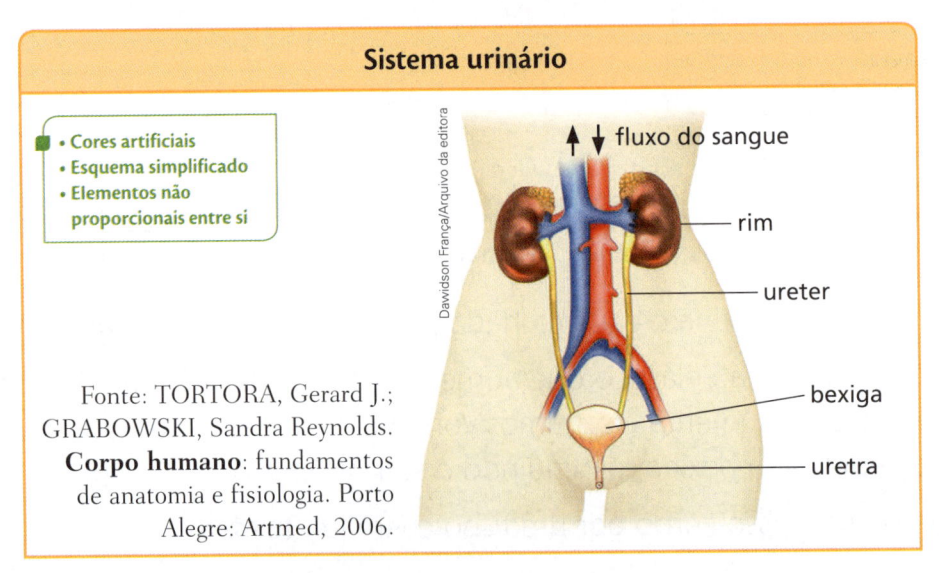

Sistema urinário

- Cores artificiais
- Esquema simplificado
- Elementos não proporcionais entre si

fluxo do sangue
rim
ureter
bexiga
uretra

Fonte: TORTORA, Gerard J.; GRABOWSKI, Sandra Reynolds. **Corpo humano**: fundamentos de anatomia e fisiologia. Porto Alegre: Artmed, 2006.

a) Canal que conduz a urina para fora do corpo: _____

b) Filtra o sangue, produzindo a urina: _____

c) Conduz a urina dos rins para a bexiga: _____

d) Armazena a urina: _____

4 Complete a cruzadinha.

Vertical

1) Órgão muscular, elástico, que armazena a urina.
2) Tubo do sistema urinário que leva a urina da bexiga ao exterior.
4) Tubos que levam a urina dos rins até a bexiga.
5) Situação grave em que a perda de água pelo corpo é maior do que o ganho.
6) Perda de água por evaporação da superfície da pele.

Horizontal

3) A quantidade de urina que produzimos quando bebemos muita água.
7) Importante resíduo tóxico do sangue que é eliminado na urina.

Agora é com você

5 Volte à página 63 e observe os esquemas. Que diferença você percebe entre os sistemas urinários do homem e da mulher?

6 Muitas pessoas não têm o hábito de beber água regularmente. Escreva um pequeno parágrafo explicando por que devemos ingerir água várias vezes por dia.

7 Quando uma pessoa sofre de infecção intestinal, é comum ter diarreia, ou seja, ela elimina fezes com grande quantidade de líquidos.

Quais mecanismos automáticos podem ocorrer no corpo de uma pessoa com esse problema?

UNIDADE 3

Autoavaliação

Agora é hora de pensar sobre o que você experimentou e aprendeu. Marque um **X** na opção que melhor representa seu desempenho.

	😄	🤔	😐
1. Reconheço órgãos do sistema cardiovascular.			
2. Relaciono o sistema cardiovascular a outros sistemas do corpo humano.			
3. Compreendo a função do sangue.			
4. Entendo os movimentos do coração.			
5. Relaciono o sistema urinário ao sistema cardiovascular.			
6. Compreendo como os resíduos são eliminados do nosso corpo.			
7. Reconheço a importância da água para nosso organismo.			

Sugestões

Para ler

- **Bate, bate coração**, de Lalau e Laurabeatriz. Editora Amarilys.
  Esse livro apresenta o coração de muitas criaturas: grande, pequeno, triplo, que bate de paixão, que está sempre apressado ou que é doce e bondoso.

- O caminho do sangue no homem. Revista **Ciência Hoje das Crianças**, n. 67. SBPC.

- Um capítulo sobre o sangue. Revista **Ciência Hoje das Crianças**, n. 109. SBPC.

Para acessar

- http://chc.org.br/o-som-do-coracao/
  Aprenda a fazer seu próprio estetoscópio e escute o som do seu coração.

- www.prosangue.sp.gov.br/home/Default.aspx
  Veja os requisitos necessários e outras informações sobre doação de sangue.

  Acesso em: 8 maio 2018.

Conectando saberes

A integração dos sistemas

Cada sistema do corpo humano tem uma função muito particular e especial. Assim mesmo, todos os sistemas trabalham juntos, o tempo todo, como uma verdadeira equipe.

Hoje cedo você tomou café da manhã e foi para a escola. Agora, você está correndo ao redor da quadra, na aula de Educação Física. Você está respirando mais depressa e seu coração está disparado. O que está acontecendo no seu corpo?

O sistema digestório e o café da manhã

Nutriente

Durante a digestão, o alimento percorre o tubo digestório, e é quebrado em compostos cada vez menores.

No **intestino**, os nutrientes são absorvidos pelos vasos **capilares**, que os levam para todas as partes do corpo.

Vaso capilar

Intestino

Ilustrações: Olavo Costa/Arquivo da editora

68 UNIDADE 3

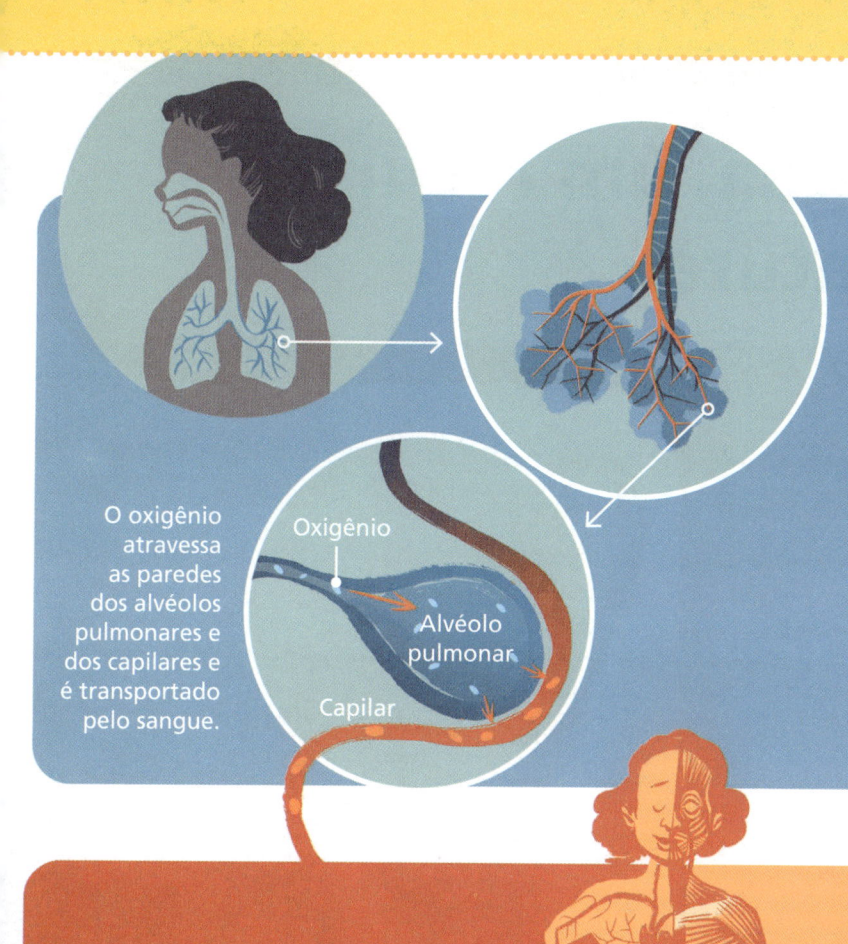

O sistema respiratório: por que respiramos mais depressa?

Quando corremos, respiramos mais vezes por minuto. Assim, mais oxigênio entra nos capilares do pulmão e chega às células musculares.

O oxigênio atravessa as paredes dos alvéolos pulmonares e dos capilares e é transportado pelo sangue.

Oxigênio
Alvéolo pulmonar
Capilar

O sistema circulatório: por que o coração bate mais?

O coração bate mais depressa, e o sangue leva mais oxigênio e mais nutrientes às células musculares. Essas células obtêm mais energia para a atividade física.

O sistema locomotor e a corrida

Dentro das células, os nutrientes e o oxigênio se combinam para liberar energia. As células musculares usam essa energia para movimentar os músculos do corpo durante a corrida.

1. "Os nutrientes maiores se transformaram em nutrientes menores." Que processo essa frase descreve?

2. O que ocorre durante a corrida com os movimentos respiratórios? Que vantagem há nessa mudança?

3. Durante a corrida, que mudanças aconteceram nos batimentos cardíacos? Você saberia apontar a vantagem de ter ocorrido essa mudança?

69

UNIDADE

4 Água, um recurso natural

Nesta unidade você vai:

- Entender a importância da água para os seres vivos.
- Identificar onde a água pode ser encontrada em nosso planeta.
- Conhecer os estados físicos da água.
- Reconhecer os diferentes usos da água e as formas de economizar esse recurso.

💬 Observe a imagem e converse com seus colegas:

1. O gato da imagem ao lado está bebendo água. Esse é um hábito saudável também para os seres humanos. O que aconteceria se não houvesse mais água disponível no planeta Terra?

2. Além de beber água, quais outras atividades que realizamos dependem da água?

3. Você acha que a água é utilizada na fabricação de quais produtos?

4. Existe água nas plantas e nas frutas? Você sabe de onde vem essa água?

Gato bebendo água.

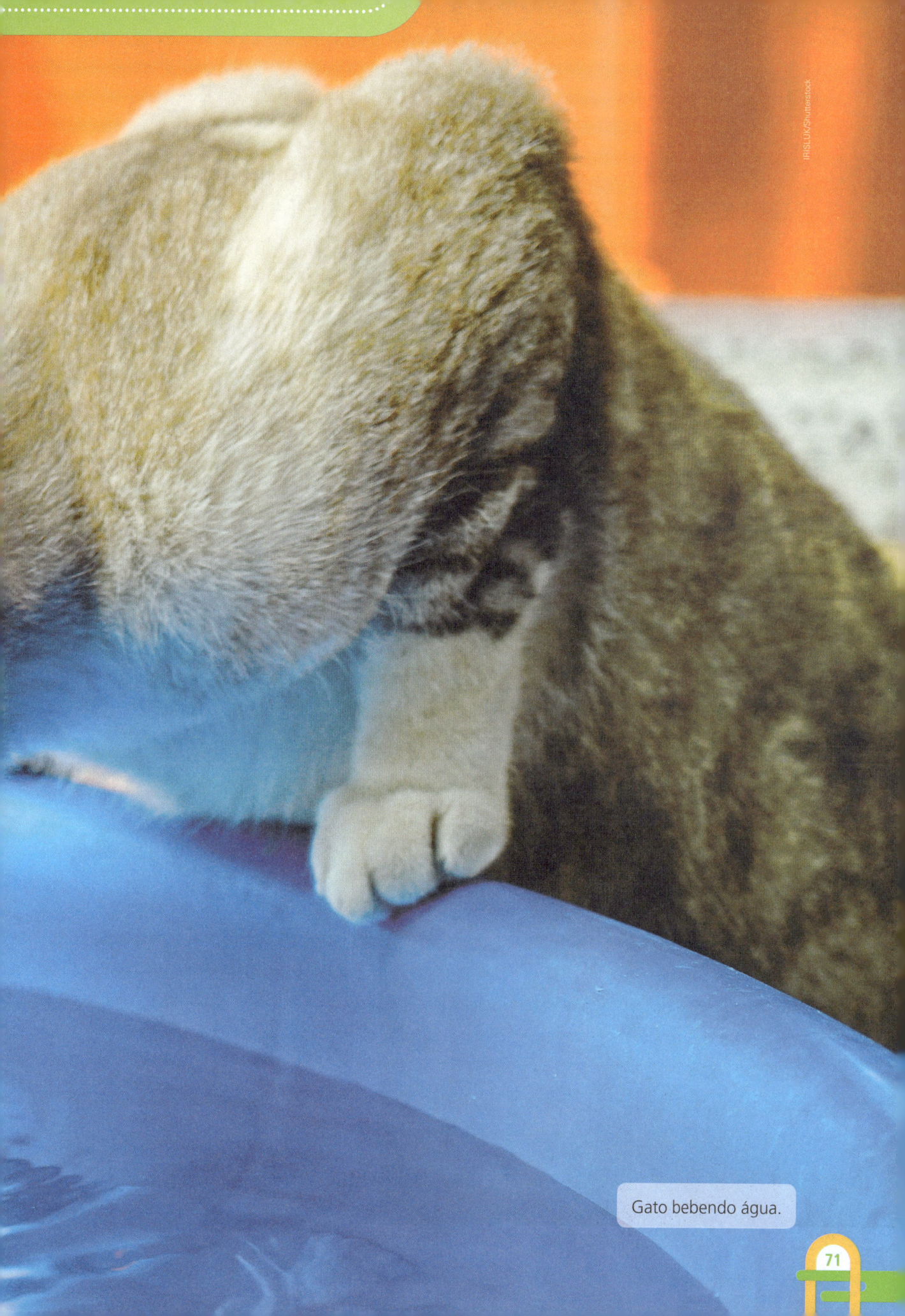

A água e os seres vivos

Todos os seres vivos dependem da água para o funcionamento de seu organismo: dos mais diminutos, que não conseguimos enxergar a olho nu, até as enormes baleias.

Além disso, a água é o ambiente no qual vivem os animais aquáticos.

Bryce Flynn/Moment/Getty Images

Baleia jubarte com seu filhote. Esses animais vivem na água, mas vêm à superfície para respirar. Os adultos medem cerca de 15 metros de comprimento e os filhotes, 8 metros.

PineappleFX/Shutterstock

A planta obtém água do ambiente e a distribui para todas as suas partes. A água é usada para a sobrevivência das células e no processo de fotossíntese.

• Elementos não proporcionais entre si

Os musgos são plantas muito pequenas, que não possuem raízes e medem cerca de 1 cm de altura.

A água compõe mais da metade do corpo humano: há água no sangue, em todos os órgãos (incluindo os ossos) e dentro de cada célula.

Como já vimos, o sistema urinário é responsável por controlar a quantidade de água no corpo dos seres humanos. Perdemos água pela urina, pelas fezes, na transpiração e na respiração. Devemos beber água regularmente para repor a quantidade perdida. Também podemos repor o que perdemos por meio dos alimentos.

- **Elementos não proporcionais entre si**

Tomate e melancia são exemplos de alimentos ricos em água.

- Quantos copos de água você costuma tomar por dia?

Quando perdemos muita água pela transpiração, é necessário beber mais água.

Agora é com você

1 Onde há água nos elementos representados no quadro? Observe a pintura e discuta com um colega.

Vendedor de frutas, de Tarsila do Amaral, 1925. Óleo sobre tela. Museu de Arte Moderna, Rio de Janeiro, Rio de Janeiro.

....

2 Observe o gráfico.

• Cores artificiais • Esquema simplificado
• Elementos não proporcionais entre si

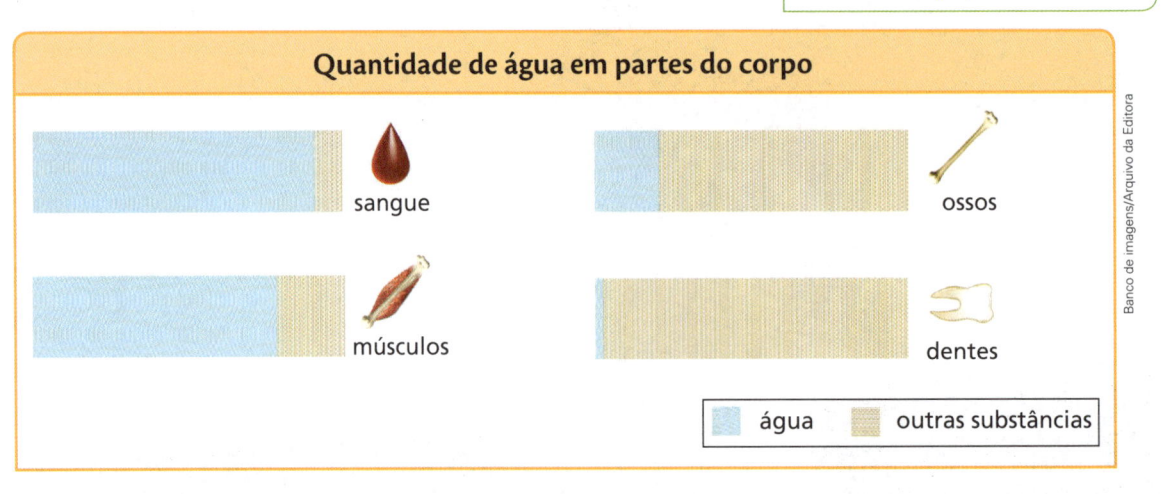

Quantidade de água em partes do corpo

sangue

ossos

músculos

dentes

água   outras substâncias

a) Assinale com um **X** o nome do componente do corpo humano que apresenta mais água.

b) Circule o nome do componente que apresenta menos água.

UNIDADE 4

A água no planeta Terra

Grande parte da superfície do nosso planeta é coberta pela água dos oceanos. Por isso, o planeta Terra também poderia ser chamado "planeta Água".

Você já deve saber que é fundamental economizar água. Mas por quê, se há uma enorme quantidade de água no planeta?

A maior parte da água presente na Terra está nos oceanos, formados por **água salgada**. Essa água não é própria para o consumo porque é uma mistura que contém muitos sais dissolvidos. A água adequada para o consumo humano é a chamada **água doce**.

Planeta Terra visto do espaço. Na imagem, é possível notar continentes, nuvens e grandes extensões ocupadas pelos oceanos, que aparecem em azul.

Apesar do nome, a água doce não tem sabor adocicado. Ela é uma mistura com pouco sal dissolvido. Então, esse nome serve apenas para diferenciá-la da água salgada, que realmente tem gosto salgado.

Apenas uma pequena parte da água existente no planeta é doce: a água dos rios, dos lagos e a água **subterrânea**. E somente parte dessa água está disponível para o consumo e para irrigar as plantações. A essa água que pode ser consumida pelos seres humanos damos o nome de **água potável**.

Subterrâneo: que está abaixo do solo.

Apenas uma pequena parte da água do planeta é própria para consumo. Por isso é necessário economizar.

Vamos imaginar toda a água da Terra representada por 100 gotas de água. Dessas 100 gotas, 97 são de água salgada. Ou seja, a maioria das gotas é de água salgada. Apenas uma pequena parte, 3 gotas, é de água doce.

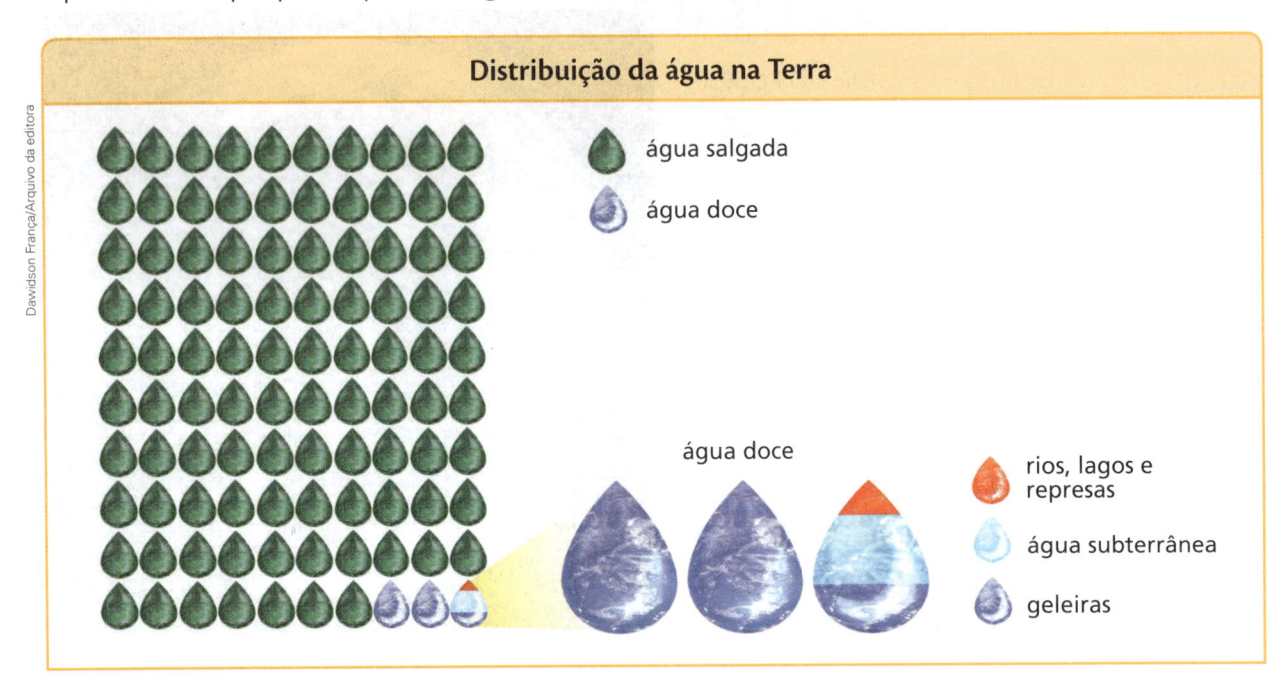

Distribuição da água na Terra

- água salgada
- água doce

água doce

- rios, lagos e represas
- água subterrânea
- geleiras

De acordo com a imagem acima, podemos ver que parte da água doce está congelada, na forma de **geleiras**. Por estar na forma de gelo, essa água não está disponível para uso imediato.

Da água doce que não está congelada, grande parte é subterrânea. Essa água pode ser retirada do subsolo por meio de poços cavados no chão.

A menor parte de água doce descongelada é aquela que está em rios, represas e lagos.

Essa água é tratada para abastecer a maioria das residências, escolas, hospitais e o comércio. A água também é muito utilizada nas indústrias, na irrigação das plantações e nas criações de animais.

Grande parte da água doce do planeta Terra está congelada nas geleiras. Na foto, geleira do Parque Nacional dos Glaciares, Patagônia, Argentina, em 2017.

Algumas casas apresentam sistemas de coleta de água de chuva. Essa água não é potável, ou seja, não pode ser bebida. Mas pode ser usada para regar plantas, lavar roupas, pisos, automóveis, abastecer as descargas de vasos sanitários, entre outras atividades domésticas, reduzindo o consumo de água tratada.

- A coleta de água de chuva é uma das formas de economizar água. Você conhece outras? Discuta com os colegas.

Vamos falar sobre...

Água potável: um direito de todos

O acesso à água potável e ao saneamento básico é um direito humano essencial, declarou a Assembleia Geral da Organização das Nações Unidas (ONU) em uma votação realizada hoje [...]

potabilidade: qualidade, característica ou condição do que é potável.

O acesso à água potável é um direito de todos.

[...] O texto da resolução manifesta profunda preocupação com o fato de 884 milhões de pessoas em todo o mundo não terem acesso a fontes confiáveis de água potável e de mais de 2,6 bilhões não disporem de saneamento básico. Estudos também indicam que cerca de 1,5 milhão de crianças menores de cinco anos morrem e 443 milhões de aulas são perdidas todos os anos no planeta por conta de doenças relacionadas à **potabilidade** da água e à precariedade dos serviços de saneamento básico.[...]

ONU declara acesso à água um direito universal. Disponível em: <http://veja.abril.com.br/ciencia/onu-declara-acesso-a-agua-um-direito-universal/>. Acesso em: 8 maio 2018.

- O Brasil votou, em 2010, a favor dessa resolução. Como você acha que está a situação do país em relação ao saneamento básico e ao fornecimento de água potável? Discuta com os colegas.

Agora é com você

1 Leia novamente as legendas do gráfico da página 76.

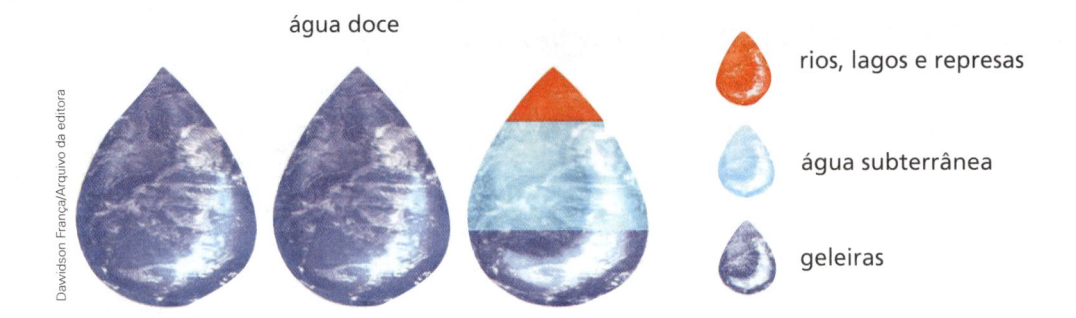

água doce

rios, lagos e represas

água subterrânea

geleiras

a) Das três gotas de água doce representadas, a maior quantidade está nas geleiras, no subsolo ou em rios, represas e lagos?

b) De onde vem a água que usamos?

c) Há uma enorme quantidade de água em nosso planeta. Então, por que é preciso economizar água?

2 Observe o mapa a seguir. Trata-se de uma representação plana da Terra chamada planisfério.

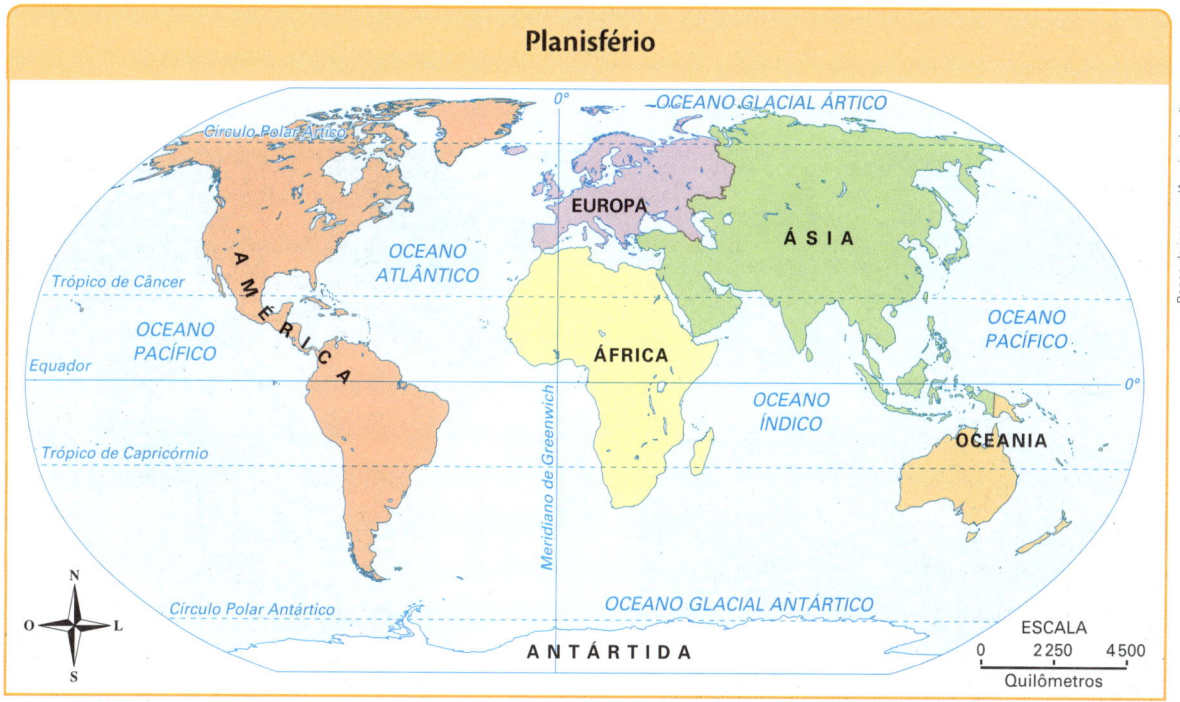

Planisfério

IBGE. Disponível em: <ftp://geoftp.ibge.gov.br/produtos_educacionais/mapas_tematicos/mapas_do_mundo/politico/continentes.pdf>. Acesso em: 15 jun. 2018.

Depois de analisar o planisfério, responda às questões com um colega.

a) O que está representado em azul no mapa?

_____

b) Que tipo de água forma a parte azul do mapa? Água doce ou salgada?

_____

c) Essa água é própria para o consumo? De onde vem a água que podemos consumir?

_____

_____

_____

_____

Água líquida, sólida e gasosa

Como vimos, a maior parte da água que existe no planeta Terra está nos oceanos, em estado líquido. Porém, esse não é o único estado físico em que podemos encontrar a água no planeta Terra.

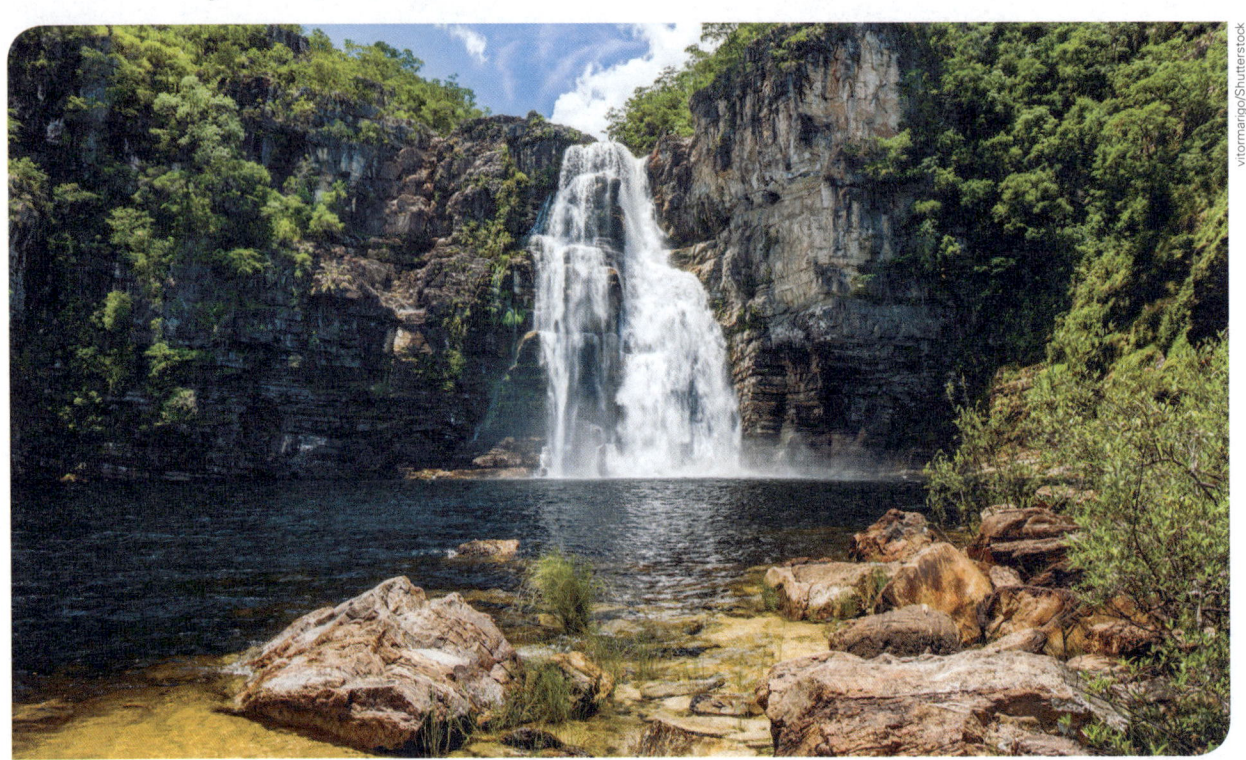

Água no estado líquido. Cachoeira do Garimpão, Parque Nacional da Chapada dos Veadeiros, Goiás, em 2016.

Você já viu alguém colocar água no congelador? O que acontece com ela? Depois de algum tempo, a água se transforma em gelo. Então, o que é o gelo?

O gelo é água que passou do estado líquido para o estado sólido.

A passagem do estado líquido para o estado sólido é chamada de **solidificação**.

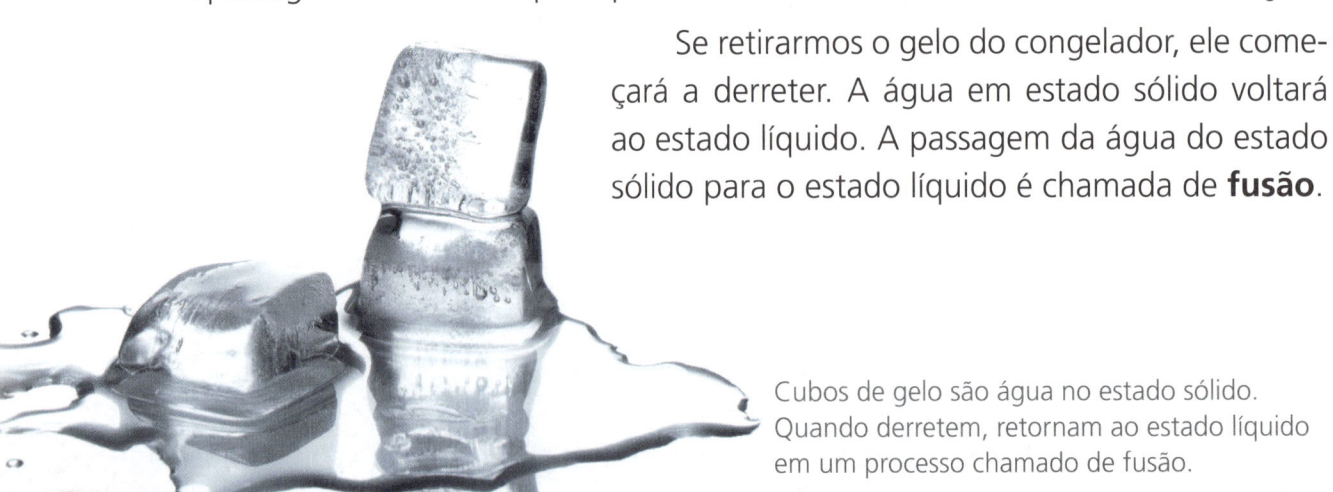

Se retirarmos o gelo do congelador, ele começará a derreter. A água em estado sólido voltará ao estado líquido. A passagem da água do estado sólido para o estado líquido é chamada de **fusão**.

Cubos de gelo são água no estado sólido. Quando derretem, retornam ao estado líquido em um processo chamado de fusão.

Para preparar macarrão, é necessário ferver a água. Quando a água ferve, vai aos poucos passando para o estado gasoso e se mistura com o ar.

Percebemos que a água está fervendo por causa das bolhas de ar que se formam, mas não podemos ver a água no estado gasoso.

A passagem do estado líquido para o estado gasoso é chamada **vaporização**.

Quando a água em estado gasoso esfria, ela passa para o estado líquido. A passagem do estado gasoso para o estado líquido é chamada **condensação**.

A condensação ocorre quando o vapor de água que está no ar encontra uma superfície mais fria, como um copo gelado.

Agora é com você

- Cores artificiais
- Esquema simplificado
- Elementos não proporcionais entre si

1 O esquema abaixo representa três mudanças de estado físico da água.

sólido — líquido — gasoso

Escreva ao lado de cada número o nome do processo pelo qual a água passou.

1. _____

2. _____

3. _____

2 Observe na foto ao lado uma paisagem que não existe no Brasil.

Em quais estados físicos e em que formas a água aparece na imagem?

_____

_____

_____

Lago glacial Jökulsárlón, Islândia, em 2017.

3 Complete as lacunas com as palavras que faltam.

a) Quando a água líquida ferve, ela sofre _____.

b) Quando o vapor de água escapa de uma chaleira quente, ele se encontra com o ar mais frio e sofre _____.

c) A água líquida, quando colocada no congelador, sofre _____

UNIDADE 4

Vamos investigar

Propriedades dos materiais

Até agora, você viu que, no planeta Terra, a água pode se apresentar nos estados sólido, líquido e gasoso, e que ela pode mudar de um estado para outro. Porém, a água apresenta outras propriedades igualmente importantes.

Vamos agora conhecer algumas dessas propriedades da água e de outros materiais fazendo alguns experimentos?

Levantando hipóteses

1. Quando colocamos gelo em um copo com água, o gelo flutua ou afunda? E se colocarmos um prego? Ele flutua ou afunda?

2. O que acontece ao colocarmos:

    a) uma colher de chá de sal em um copo com água?

    b) uma colher de chá de açúcar em um copo com água?

    c) uma colher de chá de óleo de cozinha em um copo com água?

3. O que acontece ao aproximarmos um ímã de um copo com água? E de um prego?

Material

- seis copos transparentes
- água
- uma colher de chá de sal
- uma colher de chá de açúcar
- uma colher de chá de óleo de cozinha
- dois pregos
- um ímã
- três cubos de gelo

Como fazer

1. Numere os copos de 1 a 6.
2. Encha cerca de 3/4 dos copos com água.
3. No copo número 1 coloque os cubos de gelo.
4. No copo número 2 coloque um prego.
5. No copo número 3 coloque uma colher de chá de sal e misture.

Vamos investigar

6. No copo número 4 coloque uma colher de chá de açúcar e misture.

7. No copo número 5 coloque uma colher de chá de óleo de cozinha e misture.

8. Aproxime o ímã do copo número 6 e, em seguida, aproxime o ímã do prego.

Observação

1. O gelo flutuou ou afundou na água? E o prego? Sua hipótese foi confirmada?

2. O que aconteceu quando uma colher de chá de sal foi colocada na água? Sua hipótese foi confirmada?

3. O que aconteceu quando uma colher de chá de açúcar foi colocada na água? Sua hipótese foi confirmada?

4. O que aconteceu quando uma colher de chá de óleo de cozinha foi colocada na água? Sua hipótese foi confirmada?

5. O que aconteceu quando o ímã foi aproximado do copo com água? E do prego? Suas hipóteses foram confirmadas?

Conclusão

1. O gelo e o prego têm o mesmo comportamento ao serem colocados em um copo com água?

2. O sal, o açúcar e o óleo têm o mesmo comportamento ao serem adicionados em um copo com água?

3. O prego e a água se comportam da mesma maneira ao serem aproximados de um ímã?

4. Todos os materiais têm as mesmas propriedades?

O ciclo da água

A quantidade de água que existe no planeta Terra é sempre a mesma, ela não aumenta nem diminui.

A água que corre pelos rios vai para o mar, evapora, forma nuvens e retorna para os lagos e rios quando chove.

Esse ciclo da água está representado na ilustração abaixo.

- Cores artificiais
- Esquema simplificado
- Elementos não proporcionais entre si

Esquema do ciclo da água na natureza.

Note que, com o calor do Sol, a água dos rios, das represas, dos lagos, dos mares e dos oceanos evapora e se mistura com o ar.

A água que existe no solo e nos seres vivos também evapora. As plantas e os animais liberam vapor de água em sua **transpiração**.

Parte da água que passa pelo processo de evaporação chega às camadas altas da atmosfera, que são muito mais frias, e lá se inicia o processo de condensação que forma as nuvens.

Quando as nuvens acumulam uma grande quantidade de água, ocorre a chuva, ou **precipitação**. Com a chuva, a água volta ao solo, aos rios, aos lagos e aos seres vivos.

Assim, o ciclo é reiniciado.

- Como você pode observar na ilustração acima, que representa o ciclo da água na natureza, há bastante vegetação.
  Você sabe qual é a importância da vegetação para o ciclo da água? E para a manutenção da qualidade de outros dois recursos naturais importantes: o solo e o ar?

O uso da água

Além de beber água, também a utilizamos para preparar alimentos e manter nossa higiene corporal, o que é muito importante para evitar doenças.

Na indústria, a água também é utilizada na produção de diversos itens.

A água usada segue para a rede de esgotos, onde deve ser tratada. Só depois disso ela pode ser despejada no ambiente, e então evapora e volta para a superfície em forma de chuva.

Para manter a saúde da boca, deve-se escovar os dentes ao acordar, depois das refeições e antes de dormir.

A água usada segue pela rede de esgotos, para ser tratada antes de ser despejada no ambiente. Na foto, estação de tratamento de esgoto de Barueri, São Paulo, em 2017.

No entanto, antes de descartar a água na rede de esgoto, podemos usá-la novamente em algumas situações. A água que usamos na lavagem de roupas, por exemplo, pode ser utilizada no vaso sanitário ou para lavar o quintal. Chamamos isso de reúso da água, que é uma das maneiras de economizar água tratada.

- Pense no seu dia desde o momento em que você acorda até a hora em que vai dormir. Em que momentos você usa água?

A água e o cultivo de alimentos

Como vimos, as plantas também necessitam de água.

Você já ajudou a cuidar de alguma planta na sua casa ou na escola? É preciso regá-las de tempos em tempos para que não murchem, principalmente quando as plantas estão em ambientes fechados e não recebem água da chuva.

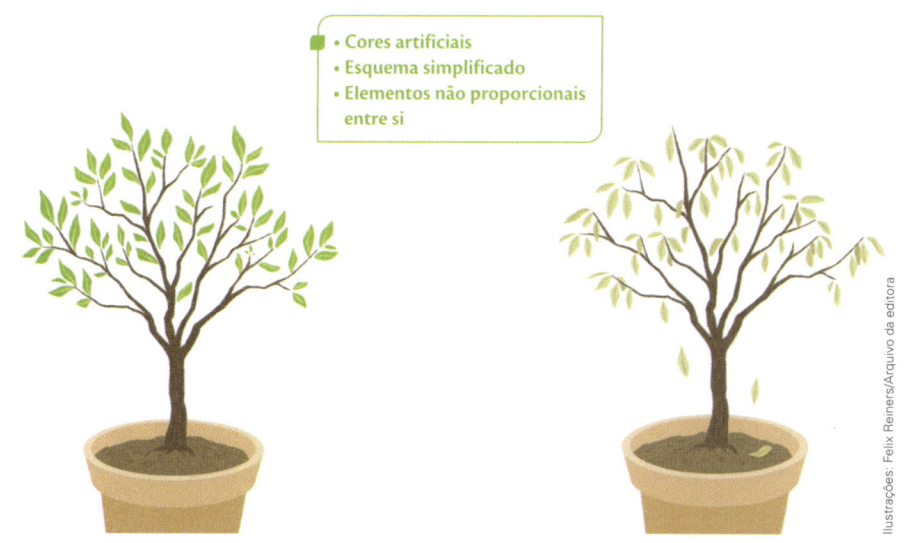

- Cores artificiais
- Esquema simplificado
- Elementos não proporcionais entre si

Quando a planta não recebe uma quantidade de água adequada, ela murcha, seca e pode morrer.

Da mesma maneira, as plantas que são cultivadas para nossa alimentação também precisam de água para se desenvolver. Mesmo com as chuvas, é preciso que elas sejam **irrigadas**.

Irrigar: regagem artificial que pode ser feita de várias maneiras.

Irrigação de plantação de hortaliças em Barra Mansa, Rio de Janeiro, em 2016.

A agricultura é a atividade humana que consome mais da metade da água doce no estado líquido disponível no planeta. A grande produção mundial de alimentos depende dos recursos do solo e da irrigação de plantações que ocupam grandes áreas.

Vamos falar sobre...

Educação ambiental

O uso da tecnologia na agricultura pode reduzir perdas de água e aumentar a produtividade das culturas com racionalidade e sem desperdício. [...]

O agricultor Edivan Ferreira Machado, do Núcleo Rural Boa Esperança, usa em sua propriedade o sistema de gotejamento para irrigar os 20 canteiros de hortaliças, onde planta jiló, maxixe, quiabo, couve-flor, pimentão, entre outras culturas.

É uma tecnologia simples, mas eficiente para garantir uma lavoura saudável o ano todo e otimizar o consumo de água [...].

O gotejamento consiste na instalação de uma ou duas mangueiras com pequenos furos, posicionadas no pé da planta e protegidas por um plástico que ajuda a reter a umidade no solo. [...]

Edivan conta que [...] "A mão de obra é mais fácil e o sistema não fica molhando o que não deve, além disso, conseguimos aumentar a produtividade".[...]

Disponível em: <http://exame.abril.com.br/brasil/tecnica-de-irrigacao-alia-produtividade-a-sustentabilidade/>. Acesso em: 7 maio 2018.

Detalhe de gotejamento em parreiras na região de Petrolina, Pernambuco, em 2015.

- Por que sistemas que aumentam a produtividade do solo e reduzem o consumo de água são importantes?

Agora é com você

1 Observe as imagens abaixo e responda às questões.

a) Que usos da água estão representados nas ilustrações?

b) Quais desses usos são comuns na sua casa?

c) Quais exemplos de desperdício de água vemos nas ilustrações?

Agora é com você

2 Observe o quadrinho ao lado e faça o que se pede.

Fonte: Banco de imagens MSP.

a) Pela expressão da Mônica, o que você acha que ela pensou quando viu a água sendo usada para limpar a calçada? Converse com um colega.

_____
_____

b) Por que precisamos economizar água?

_____
_____
_____

c) O que podemos fazer para economizar água?

_____
_____
_____

d) Dê um exemplo de reúso da água que pode ser feito em sua casa.

_____
_____

Autoavaliação

Agora é hora de pensar sobre o que você experimentou e aprendeu. Marque um **X** na opção que melhor representa seu desempenho.

	😄	🤔	😐
1. Entendo a importância da água para os seres vivos.			
2. Identifico onde a água pode ser encontrada em nosso planeta.			
3. Conheço os estados físicos da água.			
4. Reconheço os diferentes usos da água e as formas de economizar esse recurso.			

Sugestões

📖 Para ler

- **A água e a vida**, de Patrícia Engel Secco e Eduardo Engel. Editora Melhoramentos.

  Por que, sem água, a vida na Terra é impossível?

- **A história da água**, de Jacqui Bailey e Matthew Lilly. Editora DCL.

  Como a água se renova sem parar mesmo depois de ser usada tantas vezes?

- **Além do rio**, de Ziraldo. Editora Melhoramentos.

  Você vai passear por todo o rio Amazonas, da nascente até a foz.

🖱 Para acessar

- http://naodesperdiceagua.com.br/

  Nesse portal, você vai encontrar dicas para economia de água e também muitas informações sobre o uso da água em todo o planeta.

  Acesso em: 8 maio 2018.

🔊 Para ouvir

- CD **Planeta Água**, de Gallo. Azul Music.

  Nesse álbum musical, você poderá ouvir diversos sons aquáticos.

UNIDADE 5
Fontes de energia elétrica

Nesta unidade você vai:

- Reconhecer de onde vem a energia elétrica.
- Compreender que a água em movimento pode gerar energia elétrica.
- Conhecer outras fontes de energia elétrica.
- Classificar as fontes de energia como renováveis ou não renováveis.

Observe a imagem e converse com seus colegas:

1. Você sabe o que é uma usina hidrelétrica?

2. Você acha que a água é importante para o funcionamento da usina?

3. Caso a região fique sem chuva por muito tempo, o funcionamento da usina pode ser afetado?

Usina hidrelétrica de Itaipu, em Foz do Iguaçu, Paraná, em 2015.

A energia elétrica no dia a dia

Você já viu que energia é tudo aquilo que provoca uma transformação ou um movimento. A energia pode vir do nosso corpo, do vento, do sol, do fogo, etc.

Mas qual será o tipo de energia que faz uma lâmpada acender, um ventilador girar ou um computador ligar?

É a energia elétrica.

Usamos a energia elétrica o tempo todo, às vezes até sem perceber. Utilizamos energia elétrica, por exemplo, quando ligamos o chuveiro e tomamos um banho quente, ou quando conservamos água e alimentos na geladeira.

O que faz um ventilador funcionar?

• Elementos não proporcionais entre si

A energia elétrica é necessária, por exemplo, para suprir os sistemas de refrigeração que conservam os alimentos.

94 UNIDADE 5

Agora é com você

- Observe a ilustração e responda às questões.

  - Cores artificiais
  - Esquema simplificado
  - Elementos não proporcionais entre si

  Felix Reiners/Arquivo da editora

  a) Nessa casa, como a água do banho é aquecida?

  ....

  ....

  b) Como essa casa é iluminada à noite?

  ....

  ....

  c) Que aparelhos elétricos você observou nessa casa?

  ....

  ....

  d) Que aparelhos elétricos há em sua casa?

  ....

  ....

  e) Quais medidas você pode tomar em sua casa para economizar energia elétrica?

  ....

  ....

De onde vem a energia elétrica?

Agora que você já sabe que a energia elétrica é muito utilizada, vamos ver de onde vem essa energia.

Você já viu uma roda-d'água como as mostradas nesta página? As pás da roda são movimentadas pela água que cai, e seu movimento pode ser usado, por exemplo, para moer grãos numa fazenda. Quanto maior a quantidade de água, mais rápido a roda gira.

Roda-d'água utilizada para moer grãos na Casa da Farinha, em Ubatuba, São Paulo, em 2014.

Roda-d'água utilizada na geração de energia elétrica. Acoplado a ela, está o gerador de energia. Fotografia de 2016.

A energia elétrica pode ser gerada com um mecanismo semelhante em locais conhecidos como **usinas hidrelétricas**.

Usinas hidrelétricas

Observe o esquema a seguir, em que se vê de forma simplificada o funcionamento de uma usina hidrelétrica.

- Cores artificiais
- Esquema simplificado
- Elementos não proporcionais entre si

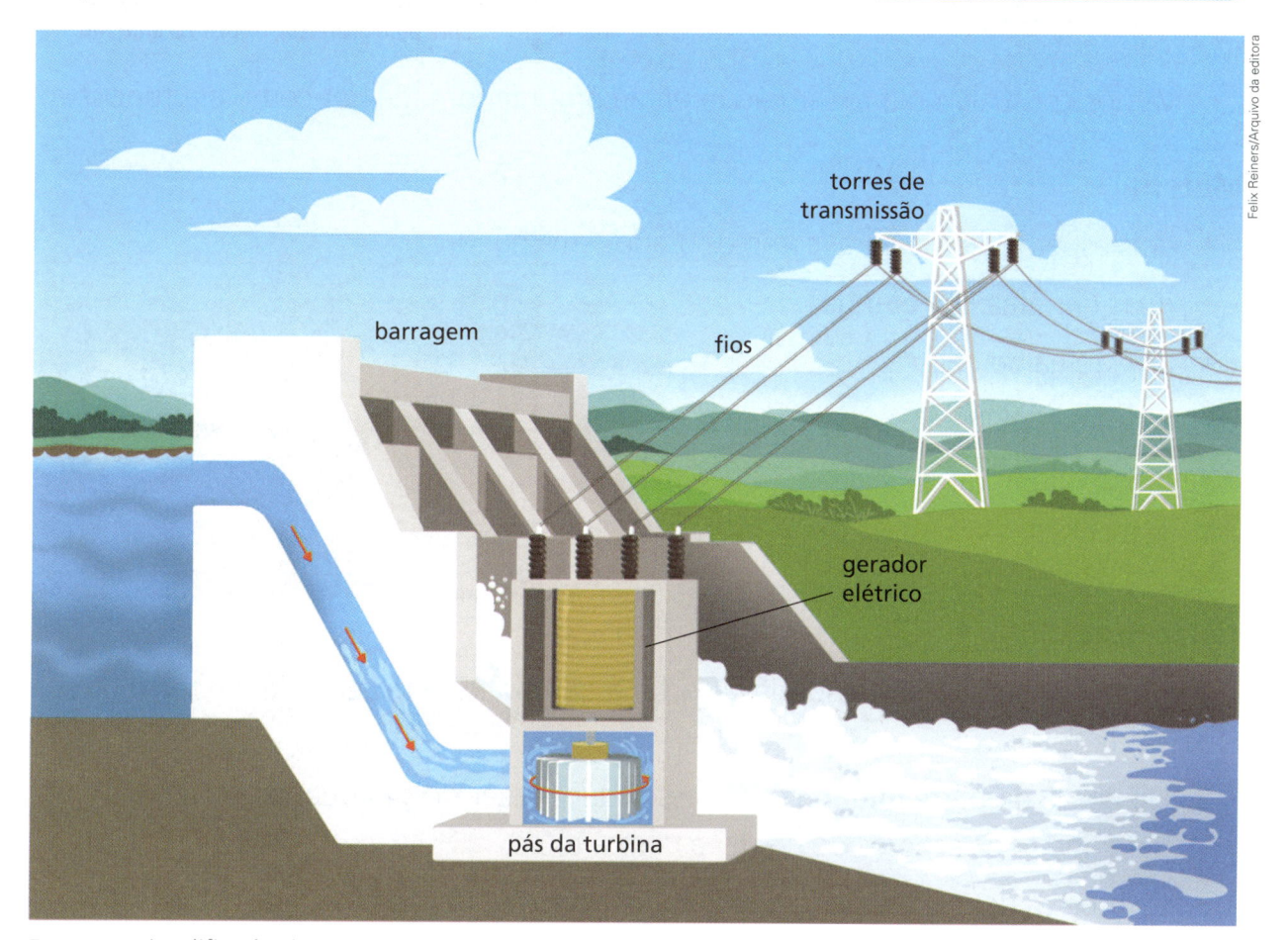

Esquema simplificado de uma usina hidrelétrica.

Na usina hidrelétrica, a água represada atrás da barragem cai de uma grande altura e movimenta as pás da turbina.

A turbina faz girar o eixo do **gerador elétrico**, que transforma o movimento em energia elétrica.

Depois de gerada, a energia elétrica percorre um longo caminho por uma rede de estações de transmissão, fios e postes, até chegar às tomadas de fábricas, escritórios, lojas e residências.

Gerador elétrico: equipamento que transforma alguma forma de energia em energia elétrica.

Quando conectamos um equipamento à tomada, a energia elétrica faz com que o equipamento funcione.

Vamos investigar

Roda-d'água

ATENÇÃO: A construção da roda-d'água será feita pelo professor, e você vai ajudá-lo.

Vamos construir uma roda-d'água para compreender melhor como ela funciona?

Material

- dois espetos de madeira (como os usados em churrasco)
- duas garrafas PET grandes
- uma rolha de cortiça
- tesoura com pontas arredondadas
- grampeador
- água

Como fazer

1. Com a tesoura, o professor deve cortar a garrafa PET em cerca de um terço de sua altura total.

2. Na borda da parte inferior, o professor deve fazer dois pequenos cortes em "V", para apoiar os espetos de madeira com a rolha.

3. Os espetos de madeira devem ser fixados na rolha, um de cada lado. Depois de fixados, eles devem ser cortados, ficando cada um deles cerca de 6 cm para fora da rolha.

4. Para fazer as pás da roda-d'água, o professor deve cortar quatro pedaços de plástico, aproveitando a lateral da garrafa PET, de aproximadamente 3 cm por 3 cm. Cada pá deve ser grampeada na rolha, ficando à mesma distância uma da outra.

5. O modelo pronto deverá ficar semelhante ao da imagem ao lado.

6. Depois de finalizar a roda-d'água, encha uma garrafa com água e despeje lentamente a água sobre as pás da roda-d'água.

Construção da roda-d'água.

Conclusão

- **Converse com seus colegas e respondam:** O que vocês observaram quando a água foi jogada nas pás da roda-d'água?

Usinas hidrelétricas e o meio ambiente

Observe a imagem abaixo. Ela mostra uma visão parcial da usina hidrelétrica de Itaipu, na região Sul do Brasil.

A hidrelétrica é formada por uma represa (indicada na primeira foto pela seta amarela) e uma barragem (indicada nas duas fotos pelas setas vermelhas), que retém a água.

A represa fica a uma altura aproximada de um prédio de 20 andares da parte inferior (indicada pela seta azul), para onde a água é descartada para regular o nível do reservatório.

Itaipu é uma grande hidrelétrica. Ela pertence ao Brasil e ao Paraguai (é binacional) e foi construída na fronteira entre os dois países. Visão parcial, foto de 2015.

A área da hidrelétrica que podemos observar acima é apenas o chamado vertedouro, que tem a função de descarregar a água não utilizada na geração de energia. Já o "coração" da hidrelétrica é o que vemos na fotografia abaixo: os dutos (indicados pela seta verde), que conduzem a água necessária para movimentar as turbinas.

Hidrelétrica de Itaipu. À esquerda, podemos ver a barragem, à direita, alguns dos dutos que conduzem a água até as turbinas.

Durante a construção de uma usina hidrelétrica, para se formar a represa, o ambiente é muito impactado: grandes áreas são desmatadas e muitos animais morrem ou fogem para outras regiões, entre outras alterações.

A foto abaixo mostra o Salto das Sete Quedas, um conjunto de 19 cachoeiras localizadas no rio Paraná que desapareceu em 1982, com a construção da represa da usina de Itaipu.

O Salto das Sete Quedas foi a maior cachoeira do mundo em volume de água. Guaíra, Paraná, 1978.

Com o represamento da água para a construção de uma usina hidrelétrica, cidades inteiras podem ficar submersas e belezas naturais, como o Salto das Sete Quedas, podem desaparecer completamente.

Além da construção das usinas, também é necessário construir linhas de transmissão, que levam a energia elétrica para regiões distantes das hidrelétricas. As torres de transmissão também causam impactos ambientais.

As linhas de transmissão levam a energia elétrica para locais distantes das usinas.

Agora é com você

1 Por que as turbinas dos geradores de uma usina hidrelétrica não podem ser colocadas dentro de um lago com água parada?

_____
_____
_____
_____

2 Observe a fotografia. Ela mostra troncos e galhos de árvores mortas em uma região alagada para a construção da barragem de uma usina hidrelétrica.

Troncos e galhos de árvores no lago formado pela usina hidrelétrica de Balbina, em Presidente Figueiredo, Amazonas, em 2016.

- Que danos a construção de usinas hidrelétricas causa ao ambiente?

_____
_____
_____
_____

Agora é com você

3 Na foto ao lado vemos uma área seca na barragem de Sobradinho, maior reservatório de água do Nordeste, onde foi construída uma grande hidrelétrica.

Seca registrada no reservatório de Sobradinho, em Remanso, Bahia, em 2015.

- Como a falta de água na represa afeta a produção de energia elétrica?

_____

_____

_____

Vamos falar sobre...

Economia de energia

A produção de energia elétrica no Brasil depende muito de um recurso natural: a água. Quando consumimos energia elétrica em nossas residências, é gerada uma cobrança mensal. Quanto maior o consumo de energia, mais alto o valor da conta a ser paga.

Leia estas recomendações para economizar energia elétrica:

- Abrir bem janelas e cortinas, evitando acender lâmpadas durante o dia.
- Dormir com as lâmpadas apagadas.
- Apagar a luz quando não tem ninguém no cômodo.
- Pintar as paredes da residência com cores claras.

1. Por que essas recomendações ajudam a economizar energia elétrica?
2. Quais dessas recomendações são seguidas em sua casa?

Outras fontes de energia elétrica

Combustível: material que pode ser queimado para a obtenção de energia. Exemplos: gasolina, álcool, gás natural e carvão.

As usinas hidrelétricas não são a única fonte de energia elétrica.

Combustíveis, o vento e até mesmo a luz do Sol também podem fornecer energia para geradores de energia elétrica.

Usinas termelétricas

As usinas que utilizam a queima de combustíveis para gerar energia elétrica são chamadas de **usinas termelétricas**. Esse tipo de usina é muito comum em países em que não há tantos rios. Os combustíveis utilizados nas usinas termelétricas são, na maioria das vezes, obtidos do **petróleo**, como é o caso do óleo *diesel*. Mas muitas funcionam com carvão.

Petróleo: material de cor escura encontrado no subsolo. Do petróleo, pode-se extrair substâncias como a gasolina e produzir materiais como plásticos.

Em uma usina termelétrica, a queima de combustíveis, como óleo *diesel*, restos de madeira, bagaço de cana ou gás, aquece um recipiente que contém água. Essa água é transformada em vapor, que movimenta as turbinas do gerador, o qual converte a energia do movimento das turbinas em energia elétrica.

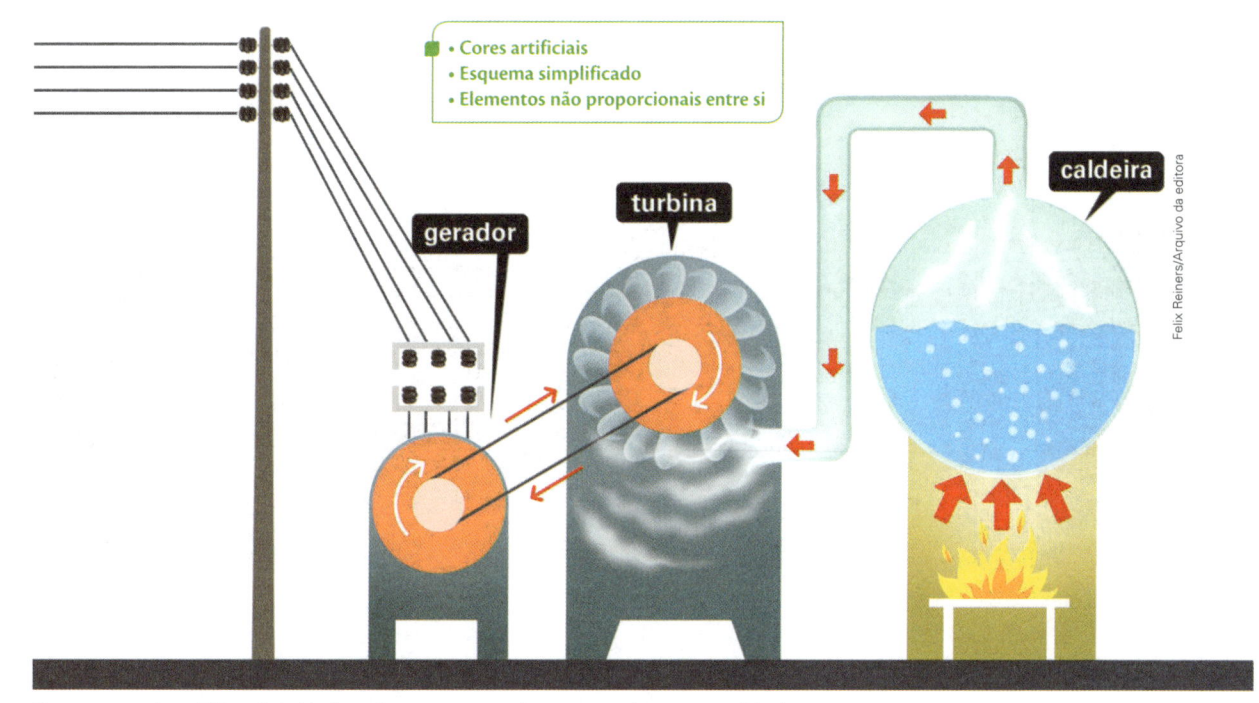

- Cores artificiais
- Esquema simplificado
- Elementos não proporcionais entre si

Felix Reiners/Arquivo da editora

Esquema simplificado do funcionamento de uma usina termelétrica.

No Brasil, as termelétricas são utilizadas para complementar o fornecimento de energia das hidrelétricas, que não é suficiente para atender a todos. Também são utilizadas no campo, em fazendas, que aproveitam restos de vegetais, como bagaço de cana e lenha, e produzem sua própria energia.

Você já viu que a construção de usinas hidrelétricas altera muito o ambiente, destruindo vegetações e afugentando animais. E qual é o impacto ambiental das usinas termelétricas?

Nas usinas termelétricas, a queima de combustíveis produz gases que podem poluir o ar e causar alterações no ambiente.

Essas alterações provocam vários efeitos negativos sobre a saúde dos seres vivos e sobre o clima.

Usina termelétrica Leonel Brizola, em Duque de Caxias, Rio de Janeiro, em 2014. A fumaça produzida pelas termelétricas vem da queima dos combustíveis e polui o ar com gases tóxicos.

• Você conhece outras fontes de poluição do ar, além das usinas termelétricas?

Usinas eólicas

Assim como o movimento da água pode ser transformado em energia elétrica, também podemos usar o movimento do ar como fonte de energia.

As usinas que utilizam o vento como fonte de energia são as **eólicas**. Porém, para a geração de energia elétrica é necessário que o vento seja forte o suficiente para as pás dos aerogeradores girarem.

As pás do aerogerador se movem com o vento. Dentro do aerogerador, existe um gerador que transforma o movimento das pás em energia elétrica.

Existem muitas usinas eólicas no Nordeste do Brasil, região com ventos fortes.

As usinas eólicas causam um impacto menor no ambiente, quando comparadas às termelétricas e às hidrelétricas. Mas os aerogeradores alteram a paisagem e fazem barulho. Além disso, as pás podem ferir ou causar a morte das aves que passam por elas.

Eólico: a palavra "eólico" provém de Éolo, deus da mitologia grega que controlava a força dos ventos.

Aerogeradores em Guanambi, Bahia, em 2016.

- Observe abaixo a imagem da usina eólica Mundaú, no Ceará. Que tipo de impacto você acha que as usinas eólicas podem causar no ambiente? Pense tanto no ambiente natural quanto nos moradores da região.

Quanto maior o tamanho das pás do aerogerador e mais forte o vento, maior a quantidade de energia gerada. Usina eólica Mundaú, no município de Trairi, Ceará, em 2017.

Luz do Sol como fonte de energia

Você já sabe que as plantas usam a luz do Sol para produzir o próprio alimento. Mas será que a luz solar também pode ser utilizada para gerar energia elétrica? Observe a calculadora ao lado. Você sabe o tipo de energia que a faz funcionar?

As pequenas placas da calculadora captam a luz solar e a transformam em energia elétrica, que faz a calculadora funcionar.

• Elementos não proporcionais entre si

Placa que capta a luz solar.

Calculadora solar.

Um sistema parecido pode ser utilizado para produzir energia elétrica em residências. Observe a imagem.

Os painéis solares do Projeto Tamar de Florianópolis, Santa Catarina, captam luz e produzem a energia elétrica utilizada para o funcionamento de lâmpadas e pequenos aparelhos. Foto de 2014.

Durante o dia, as grandes placas, que também podem ficar em cima das telhas, captam a luz solar e a convertem em energia elétrica. À noite, ou quando o dia está nublado, a energia é obtida de baterias ou da rede elétrica que vem pelos postes.

Existem usinas de geração de energia elétrica que usam a luz do Sol como fonte de energia: são as usinas **solares**.

No Brasil, as usinas solares ainda não são muito comuns, mas já estão sendo construídas e poderão fornecer energia elétrica para cidades pequenas. Usinas solares, da mesma forma que as eólicas, perturbam menos o ambiente do que as usinas hidrelétricas e termelétricas.

- A aeronave da imagem ao lado, Solar Impulse II, é um projeto suíço de avião solar de longo alcance totalmente movido a luz solar. Ele completou a volta ao mundo em julho de 2016. Por que ele tem asas tão longas?

Solar Impulse II, em manobra próximo à base aérea de Payerne, na Suíça, em 2010.

• Elementos não proporcionais entre si

Pilhas e baterias

Existem dispositivos que funcionam sem que precisem estar ligados a uma tomada, como um carrinho de controle remoto ou um relógio. Qual tipo de energia faz com que funcionem?

Mais uma vez é a energia elétrica. Um carrinho de controle remoto funciona quando colocamos nele uma pilha, e o relógio funciona quando colocamos nele uma bateria.

Tanto a pilha quanto a bateria possuem energia armazenada. Quando colocadas em um aparelho, essa energia química se transforma em energia elétrica e faz o equipamento funcionar.

A bateria, quando colocada, por exemplo, em um relógio, é capaz de gerar energia elétrica e fazê-lo funcionar.

A pilha comum, quando colocada em um aparelho, é capaz de gerar energia elétrica e fazê-lo funcionar.

Fontes de energia renováveis e não renováveis

As fontes de energia podem ser renováveis ou não renováveis.

As fontes de energia renováveis são aquelas que não se esgotam ou que podem ser repostas rapidamente pela natureza. O movimento da água, a luz solar e o vento são exemplos de fontes de energia renováveis.

Já as fontes de energia não renováveis são aquelas que não podem ser repostas pela natureza com a mesma rapidez com que são consumidas. O petróleo, por exemplo, levou milhões de anos para se formar e está sendo consumido rapidamente, principalmente para produzir combustíveis que abastecem automóveis e outros veículos. Por isso, o petróleo e todos os combustíveis obtidos dele são considerados fontes de energia não renováveis.

O álcool (etanol), obtido da cana-de-açúcar, uma fonte de energia renovável, é utilizado como combustível automotivo. Na foto, plantação de cana-de-açúcar em Tatuí, São Paulo, em 2017.

A gasolina utilizada nos veículos automotores é um combustível derivado do petróleo, um recurso não renovável.

O querosene usado como combustível de aeronaves também é um derivado do petróleo.

UNIDADE 5

Agora é com você

1) Marque **C** para as frases que considerar corretas e **I** para as incorretas.

☐ A construção de grandes hidrelétricas causa prejuízos ao meio ambiente e aos seres vivos.

☐ As termelétricas prejudicam mais o ambiente do que a obtenção de energia pela luz do Sol.

☐ O vento pode ser utilizado como fonte de energia elétrica.

☐ As usinas solares causam muitos danos ao meio ambiente e aos seres vivos.

2) Qual é a semelhança entre as usinas hidrelétricas, termelétricas e eólicas em relação à forma como produzem energia?

_____

_____

_____

3) Em uma casa com placas solares, a luz solar se transforma em energia elétrica. Dê exemplos de situações em uma casa em que:

a) a energia elétrica se transforma em luz.

_____

b) a energia elétrica se transforma em calor.

_____

c) a energia elétrica se transforma em movimento.

_____

d) a energia elétrica se transforma em som.

_____

Vamos investigar

As fontes de energia renováveis e não renováveis no dia a dia

Nas atividades que exercemos no dia a dia, usamos energia tanto de fontes renováveis quanto de fontes não renováveis. Vamos observar um pouco melhor essa diversidade?

Coletando dados

- Em duplas, preencham a tabela a seguir.

Ação	Fonte de energia não renovável	Fonte de energia renovável	Aconteceu ontem
Meu pai pegou um avião.			
Andei de ônibus movido a *diesel*.			
Andei em um carro movido a álcool.			
Carreguei o celular ou o *tablet*.			
Liguei a televisão.			
Tomei banho em um chuveiro elétrico.			
Usei o computador.			
Joguei *videogame*.			
Escutei música.			

Conclusão

- Diga ao professor as ações que você assinalou na coluna "Aconteceu ontem". Ele vai anotar as suas ações e as de seus colegas na lousa e fará a contagem das ações mais assinaladas.

Autoavaliação

Agora é hora de pensar sobre o que você experimentou e aprendeu. Marque um **X** na opção que melhor representa seu desempenho.

1. Reconheço de onde vem a energia elétrica.			
2. Compreendo que a água pode ser usada na obtenção de energia elétrica.			
3. Conheço outras fontes de energia elétrica.			
4. Consigo classificar as fontes de energia como renováveis ou não renováveis.			

Sugestões

Para ler

- **A energia em pequenos passos**, de François Michel. Companhia Editora Nacional.

    O livro apresenta as fontes de energia – o Sol, a água, o petróleo, os átomos, as plantas, o carvão e o vento. Aborda os diferentes tipos de energia, além de mostrar como a eletricidade é uma energia fácil de transportar.

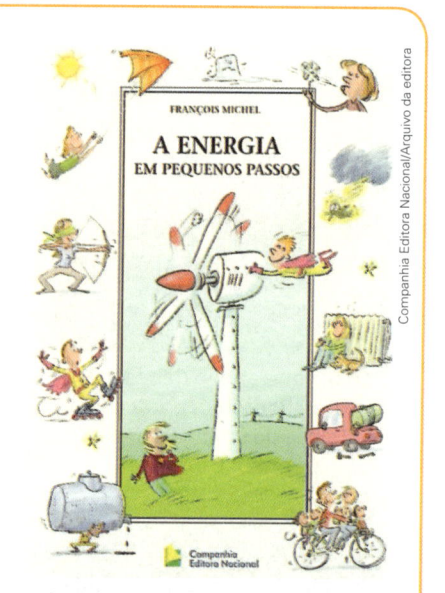

- **Eu apago a luz para economizar energia**, de Joëlle Dreidemy e Jean-René Gombert. Editora Girafinha.

    Um livro lúdico sobre a importância de economizar energia e que responde a questões importantes, como: Quais são as fontes de energia? Por que precisamos de energia? Quem a desperdiça?

Conectando saberes

Relâmpagos!

O dia está muito quente e úmido. Uma enorme nuvem escura cobre o céu. O que tudo isso parece anunciar? Relâmpagos!

É muito comum que em dias como esse aconteçam relâmpagos, um fenômeno natural que há muito tempo amedronta e encanta as pessoas por sua força e beleza. Mas não há o que temer se você souber se proteger.

Relâmpago
No meio das nuvens de tempestade, as partículas de ar e de água estão tão agitadas que a colisão entre elas gera **cargas elétricas**. Os **raios** são fortes descargas elétricas que ocorrem por causa do acúmulo dessas cargas. Elas produzem luz (relâmpago) e som (trovão).

Não busque abrigo debaixo de árvores. Por serem pontudas, a chance de serem atingidas por raios é maior.

Para-raios
Construções mais altas, como prédios e torres, são equipadas com para-raios, equipamento que atrai os relâmpagos e os conduzem, através dos fios, para o solo, onde são dissipados sem causar nenhum dano às pessoas.

Não fique ao ar livre em campos de futebol, plantações ou praia.

1 Relâmpago e trovão são a mesma coisa?

_____
_____
_____

2 Você acha que as pessoas precisam ter medo de relâmpagos? E de raios e trovões? Por quê?

Trovão
Ao passar pela atmosfera, o relâmpago desloca o ar à sua volta com força suficiente para produzir um som muito forte, que nós chamamos de trovão. Vemos o relâmpago antes de ouvir o trovão porque a **luz** é mais rápida que o **som**. Por isso o som do trovão chega depois.

Não fique próximo de objetos que conduzem eletricidade, como telefone com fio, telefone celular conectado à tomada ou objetos metálicos grandes.

Procure abrigo dentro de casa, da escola ou de qualquer outra construção fechada.

Não fique dentro de piscinas ou do mar.

Fonte das informações: INPE. Grupo de Eletricidade Atmosférica. Disponível em: <inpe.br/webelat/homepage/>. Acesso em: 10 maio 2018.

UNIDADE

6
Os materiais e o meio ambiente

Nesta unidade você vai:

- Compreender que os produtos que consumimos são feitos de diferentes materiais.
- Reconhecer que os materiais têm propriedades diversas.
- Entender que o que consumimos gera impactos no meio ambiente.
- Valorizar o consumo consciente.
- Investigar o que podemos fazer para diminuir o impacto que causamos no meio ambiente.

Observe a imagem e converse com seus colegas:

1. O que essa imagem está mostrando?
2. Será que realmente precisamos de tantas coisas? Por quê?
3. O que acontece com os produtos que jogamos fora?
4. Tudo que jogamos fora é mesmo lixo? Dê exemplos para explicar sua resposta.

Por que consumimos tantas coisas?

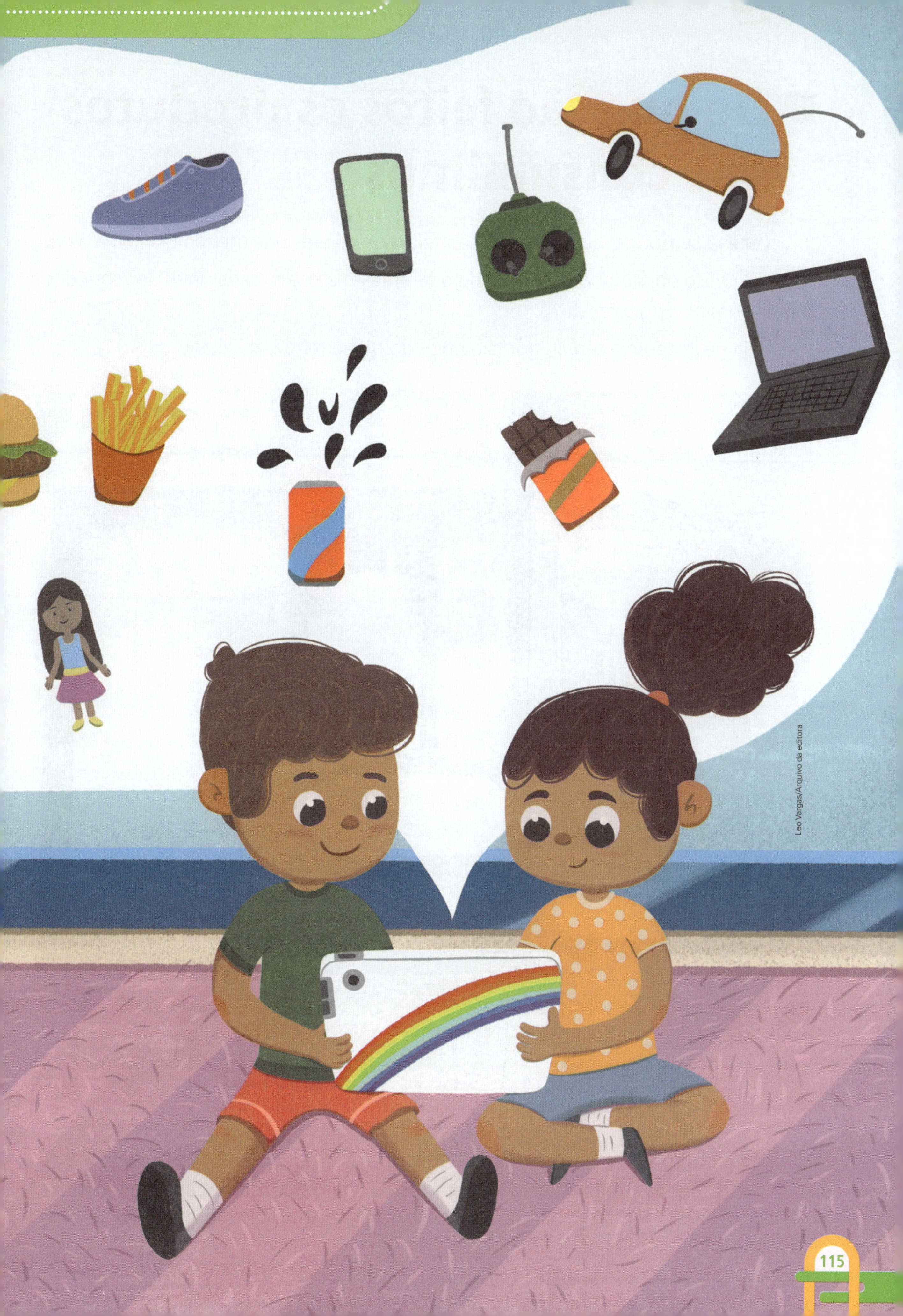
Leo Vargas/Arquivo da editora

Do que são feitos os produtos que consumimos?

Você já pensou de que materiais são feitos os objetos que utilizamos no dia a dia?

Um único objeto pode ser feito de diferentes materiais, cada um deles com diferentes origens e características.

Veja na imagem a seguir, por exemplo, do que é feito um celular.

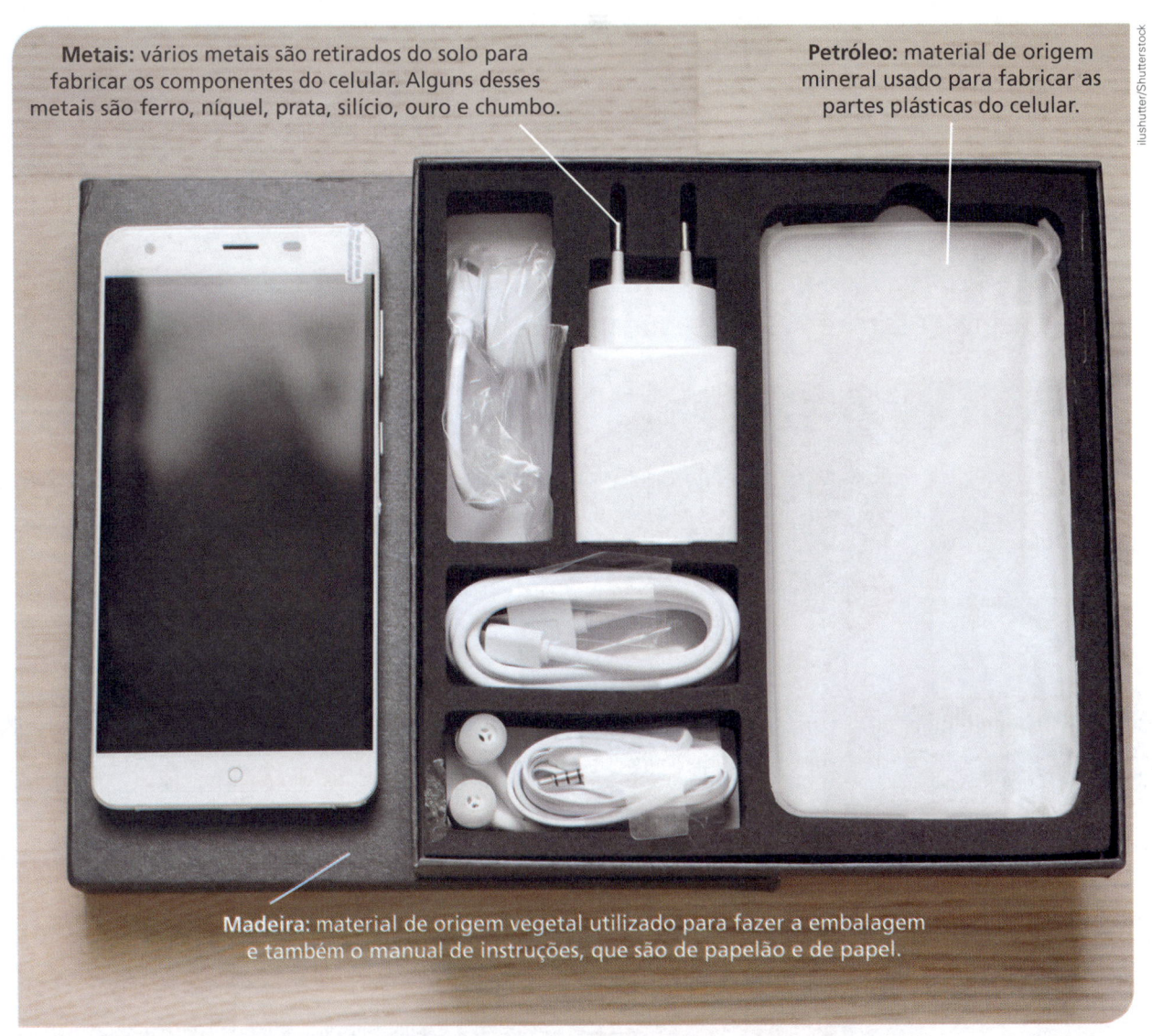

Metais: vários metais são retirados do solo para fabricar os componentes do celular. Alguns desses metais são ferro, níquel, prata, silício, ouro e chumbo.

Petróleo: material de origem mineral usado para fabricar as partes plásticas do celular.

Madeira: material de origem vegetal utilizado para fazer a embalagem e também o manual de instruções, que são de papelão e de papel.

Aparelho de telefone celular. Suas partes são feitas de diferentes materiais.

💬 • Os celulares são feitos de materiais diferentes. Você conhece outros produtos que também sejam fabricados com uma combinação de materiais?

Características dos materiais

Os objetos são feitos de diferentes materiais, pois cada material possui uma característica.

Os automóveis, por exemplo, são feitos de metal por fora, porque devem ser resistentes. Já os bancos dos veículos são feitos de tecido e espuma, porque devem ser confortáveis.

Nos automóveis, os bancos e as cadeirinhas para bebês e crianças devem ser confortáveis e seguros.

As panelas podem ser feitas de metal, porque esse material transmite o calor do fogo rapidamente, aquecendo a comida que está sendo preparada. Já os cabos e alças devem ser de borracha ou de plástico, materiais que isolam o calor, para que não fiquem muito quentes. Assim, é possível segurar as panelas durante o preparo dos alimentos.

Os cabos e as alças das panelas devem ser de plástico ou de borracha porque esses materiais demoram mais tempo para aquecer.

- Converse com seus colegas sobre exemplos de objetos que utilizam na sua fabricação o papel, o metal e o plástico. Quais são as principais características desses três materiais?

A fabricação de produtos causa impactos no meio ambiente?

É da natureza que são retirados os diversos materiais utilizados para fabricar os objetos que consumimos. Quanto maior o consumo, maior a quantidade de materiais que precisam ser extraídos da natureza. Isso pode provocar grandes impactos no meio ambiente.

Além dos danos causados na extração, o descarte dos objetos que já consumimos ou que não queremos mais também causa muitos danos ao meio ambiente.

• Esquema simplificado

Os recursos são extraídos da natureza...

... para fabricar os produtos que consumimos.

Nós compramos os produtos...

... e depois jogamos fora aquilo que já foi usado ou que não queremos mais.

Esse lixo é levado até os lixões ou aterros sanitários, causando poluição do solo, da água e até mesmo do ar.

Agora é com você

1 Observe a ilustração a seguir.

a) Agora, elabore uma lista indicando o que vai para o lixo depois que a família terminar de consumir o lanche.

_____

_____

_____

b) No nosso dia a dia, podem ocorrer outras situações como essa na qual jogamos fora tantos materiais? Explique.

_____

_____

_____

Agora é com você

2 Assinale as alternativas corretas.

☐ Escovar os dentes com a torneira aberta e tomar banhos demorados também são formas de usar incorretamente os recursos naturais.

☐ Não precisamos cuidar da maneira que utilizamos os recursos naturais do nosso planeta porque eles jamais vão se esgotar.

☐ Quando despejamos lixo nos rios e mares estamos contaminando a água, que é um importante recurso natural.

3 A família de Juliana compra mais alimentos do que consome.

a) Converse com seus colegas e responda: Como Juliana pode comprovar que sua família tem comprado mais alimentos do que necessita?

b) O hábito da família de Juliana prejudica o meio ambiente? Por quê?

UNIDADE 6

4 Em seu dia a dia, você observa o desperdício de recursos naturais, ou seja, de materiais? Em quais situações?

_____
_____
_____

5 Descreva duas situações nas quais podemos estar mais atentos para evitar o desperdício dos materiais. Indique como devemos agir.

_____
_____
_____
_____
_____
_____

6 Leia o texto abaixo:

> **Sabia que alguns lanches podem gerar menos lixo e serem saudáveis?**
>
> Será que podemos escolher nossos lanches de maneira mais saudável e que ainda por cima não deixe tanto lixo? Frutas, sucos naturais e sanduíches feitos em casa são uma boa opção para nossa saúde. Não escolha seus lanches pelos personagens que estão nas embalagens e sim pelas coisas boas que estes alimentos trazem para a sua saúde. Usar lancheira ou potes também ajuda a diminuir o lixo. Peça ajuda para seus pais!
>
> BRASIL. Ministério do Meio Ambiente. **Consumismo infantil:** na contramão da sustentabilidade. Disponível em: <http://criancaeconsumo.org.br/wp-content/uploads/2014/05/Consumismo-Infantil.pdf>. Acesso em: 5 maio 2018.

- Agora, discuta com os colegas: Vocês acham que existe uma forma de vender esses alimentos causando menos impacto ao meio ambiente?

O que podemos fazer?

Podemos tentar diminuir o impacto das ações humanas sobre o meio ambiente modificando nossos hábitos de consumo, principalmente:

1. reutilizando ou reciclando os materiais dos quais são feitos os objetos que consumimos;
2. consumindo de maneira consciente, ou seja, consumindo apenas o necessário.

Reutilização e reciclagem

Muitos materiais que jogamos no lixo podem ser reutilizados ou reciclados. Você sabe a diferença entre reutilizar e reciclar?

Reutilizar um produto é utilizá-lo mais de uma vez ou dar um novo uso a ele. É o que acontece se utilizamos um vidro de requeijão como copo.

Já a reciclagem é um processo no qual os materiais que compõem determinado produto são separados e utilizados na produção de outro produto.

Por exemplo, as latas de alumínio podem ser recicladas. No processo, as latas são transformadas novamente em chapas de alumínio, que serão usadas para produzir novas latas.

Latas de alumínio comprimidas e preparadas para reciclagem em fábrica localizada em Pindamonhangaba, São Paulo, 2015.

Para que um objeto tenha o seu material reciclado, são necessárias algumas etapas. As duas primeiras são:

1. separar os objetos que vamos descartar de acordo com os materiais de que são feitos;

Objetos de plástico, papel, metal e vidro devem ser descartados de acordo com o seu material.

2. levar os materiais para os pontos de coleta seletiva.

Símbolo da reciclagem.

Coleta seletiva é a coleta que não mistura os diversos materiais, deixando cada tipo de material separado dos demais. Na foto, ponto de coleta seletiva localizado na cidade de São Paulo, São Paulo, 2015.

Converse com seus colegas:

1. Como a reciclagem pode contribuir para a redução da quantidade de lixo que produzimos e de material que é retirado da natureza? Expliquem.

2. Na escola, existe um programa de coleta seletiva? E no bairro onde você mora?

Vamos falar sobre...

Consumo consciente

> **Eu quero. Eu preciso?**
>
> Vocês já pararam para pensar de onde vem a vontade de comprar alguma coisa? Será que tudo que é anunciado na tevê ou na internet nos interessa de verdade ou é um interesse passageiro? Será que precisamos de todas essas coisas e que podemos comprar tudo que queremos?
>
> BRASIL. Ministério do Meio Ambiente. **Consumismo infantil:** na contramão da sustentabilidade. Disponível em: <http://criancaeconsumo.org.br/wp-content/uploads/2014/05/Consumismo-Infantil.pdf>. Acesso em: 7 maio 2018.

Quais são as atitudes que devemos ter para consumir de maneira consciente?

1) **Planeje as compras**

   Pense e planeje antecipadamente o que precisa realmente comprar. Não compre por impulso.

2) **Avalie os impactos de seu consumo**

   Lembre-se do meio ambiente ao decidir o que vai consumir. Escolher produtos com menos embalagens e recusar sacolas plásticas contribui muito.

3) **Consuma apenas o necessário**

   Procure viver com menos de acordo com suas reais necessidades.

4) **Reutilize produtos e embalagens**

   Não compre de novo o que você pode consertar, transformar ou reutilizar.

5) **Separe seu lixo**

   Com a reciclagem você contribui para a economia de recursos naturais, a diminuição da degradação do meio ambiente e também para a geração de empregos.

6) **Divulgue o consumo consciente**

   Espalhe essa proposta, divulgue as ações e práticas do consumo consciente para outras pessoas.

   Fonte: **Akatu.** Disponível em: <www.akatu.org.br/noticia/conheca-os-12-principios-do-consumo-consciente>. Acesso em: 7 maio 2018.

Vamos investigar

Reutilizar brincando

Nesta atividade, vamos investigar a reutilização de materiais, produzindo um brinquedo que emite um som parecido com o *kalimba*, instrumento de percussão africano.

Material

- uma caixa de fósforos vazia
- um palito de fósforo usado
- um pedaço de linha

Como fazer

1. Amasse a caixa na parte superior conforme a figura.

ATENÇÃO: Faça com a ajuda de um adulto.

2. Amarre a linha na caixa, dando duas voltas, deixando-a bem esticada.
3. Enfie o palito entre as linhas empurrando-o e virando-o várias vezes até que as linhas fiquem bem torcidas.
4. Para emitir o som, basta você apertar a cabeça do palito e soltar.

Fonte: ADELSIN. **Barangandão arco-íris:** 36 brinquedos inventados por meninos e meninas. São Paulo: Peirópolis, 2008.

Vamos investigar

Conclusão

Esse brinquedo foi feito com materiais que seriam jogados no lixo. Você pode construir muitos brinquedos diferentes e divertidos utilizando sucata, ou seja, podemos reutilizar materiais para fazer coisas novas.

Há cinco importantes atitudes que contribuem para diminuir a produção de lixo. Veja que interessante: essas atitudes começam com a letra **R**. Por isso são chamadas "Os cinco Rs".

Com a orientação do professor, vocês vão se organizar em cinco grupos. Cada grupo ficará encarregado de preparar um cartaz para apresentar para a turma um dos cinco "Rs".

1) **Reduzir** – É a mais importante de todas as ações. Reduzir é diminuir o consumo; significa consumir apenas o necessário e assim produzir menos lixo.

2) **Reutilizar** – É utilizar um material mais de uma vez ou dar um novo uso a ele.

3) **Recusar** – Quando você recusa produtos que prejudicam a saúde e o meio ambiente está contribuindo para um mundo mais limpo. Recuse sacos plásticos e embalagens não recicláveis sempre que possível.

4) **Reciclar** – Com a coleta seletiva podemos devolver um produto ao ciclo de produção para que sejam fabricados novos objetos. Quando reciclamos um produto, reduzimos o consumo de energia, de água e de outras matérias-primas.

5) **Repensar** – Significa refletir sobre nossas ações (para preservar a natureza) e sobre as melhores formas de evitar o desperdício de recursos naturais.

É muito importante repensarmos nossos hábitos de consumo e como descartamos os produtos depois de usados.

Agora é com você

1 Nós compramos coisas por necessidade e também por desejo. Dê alguns exemplos de objetos que você compra por necessidade.

_____

_____

2 Leia a tirinha abaixo.

> ALGUMAS PROPAGANDAS SÃO DOIDAS!
>
> PARECE QUE TENTAM ME CONVENCER A QUERER O QUE EU NÃO PRECISO!

Fonte: BECK, Alexandre. **Armandinho Quatro**. Florianópolis: Arte e Letras Comunicação, 2015.

a) Você já se sentiu como Armandinho ao assistir a uma propaganda? Se sim, conte como foi.

_____

_____

b) Por que podemos dizer que quando compramos algo de que não precisamos estamos prejudicando o meio ambiente?

_____

_____

3 Sempre que João ganha um brinquedo novo, os pais o orientam a doar outro brinquedo com o qual ele não brinca há muito tempo. Por que será que os pais de João fazem isso?

_____

_____

Agora é com você

4 Leia esta história em quadrinhos com um colega e respondam às questões.

TURMA DA MÔNICA — Mauricio

— OI, MENINAS!
— OI, MÔNICA!

— EU GANHEI ESTA BONEQUINHA SUPERCARA!
— OLHA SÓ O URSINHO QUE EU GANHEI NO DIA DAS CRIANÇAS!
— QUE LEGAL!

— E VOCÊ, MÔNICA? O QUE GANHOU?
— UM BOLO DE CHOCOLATE FEITO PELA MINHA MÃE!

— NÃO QUE EU NÃO TENHA GOSTADO, MAS POR QUE UM BOLO?
— UM BOLO?!
— PRA COMEMORAR O ANIVERSÁRIO DO MEU COELHINHO!

— EU GANHEI ELE NO DIA DAS CRIANÇAS! E VOCÊS ESTÃO CONVIDADAS PRA FESTINHA QUE EU FIZ!
— EBA!!

— NO ANO QUE VEM, EU TAMBÉM VOU FAZER UMA FESTA PRA MINHA BONEQUINHA!
— PARABÉNS PRA VOCÊ! NESTA DATA...

FIM

© Mauricio de Sousa/Mauricio de Sousa Editora Ltda.
© MSP - BRASIL

Fonte: Banco de imagens MSP.

a) Mônica ganhou um presente bem diferente daqueles que as amigas ganharam. O que ela fez com o presente que ganhou?

_____

_____

128   UNIDADE 6

b) Na opinião de vocês, bons presentes sempre precisam ser comprados? Expliquem.

_____
_____
_____
_____
_____

5 Leia a letra da música com um colega. Em seguida, respondam às questões.

Não custa nada

Eu descobri que as coisas boas da vida
são de graça, não custam nada
Eu descobri que o mundo inteiro
pode ser o meu jardim, a minha casa

O teu abraço não custa nada
um beijo seu não custa nada
a boa ideia não custa nada
missão cumprida não custa nada
e quando tudo parecer que está perdido,
dê uma boa gargalhada

[…]

Agora é com você

O pôr do sol não custa nada
a brincadeira não custa nada
um gol de placa não custa nada
vento no rosto não custa nada
e quando tudo parecer que está perdido,
dê uma boa gargalhada
a rá rá

[...]

A flor do campo não custa nada
onda do mar não custa nada
a poesia não custa nada
a nossa história não custa nada
fruta no pé não custa nada
água da fonte não custa nada
banho de sol não custa nada
um bom amigo não custa nada
e quando tudo parecer que está perdido,
dê uma boa gargalhada
a rá rá
eu descobri que as coisas boas da vida
são de graça, não custam nada...

SANTISTEBAN, Paula; BOLOGNA, Eduardo. **Música em família**. Disponível em: <https://www.letras.mus.br/musica-em-familia.lyrics/nao-custa-nada/>. Acesso em: 15 jun. 2018.

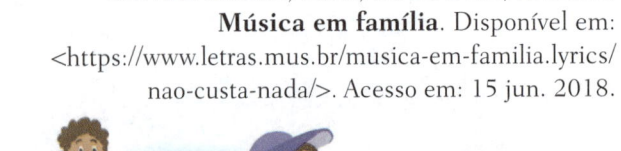

a) O que significa dizer "um bom amigo não custa nada"? Expliquem.

b) Só tem valor aquilo que o dinheiro pode comprar? Por quê?

c) Vocês também descobriram coisas boas na vida que não custam nada? Quais?

Autoavaliação

Agora é hora de pensar sobre o que você experimentou e aprendeu. Marque um **X** na opção que melhor representa seu desempenho.

	😃	🤔	😕
1. Compreendo que os produtos que consumimos são feitos de diferentes materiais.			
2. Reconheço que os materiais têm propriedades diversas.			
3. Entendo que o que consumimos gera impactos no meio ambiente.			
4. Valorizo o consumo consciente.			
5. Procuro saber o que posso fazer para diminuir o impacto que provocamos no meio ambiente.			

Sugestões

Para ler

- **Eu produzo menos lixo**, de Cristina Santos. Editora Cortez.

    Para onde o lixo é levado? Quais são os riscos que os lixões trazem às pessoas e ao meio ambiente? O que acontece quando o lixo é jogado no chão ou deixado na praia? Descubra tudo isso e ainda mais nesse livro.

- **Meio ambiente: uma introdução para crianças**, de Dennis Driscoll e Michael Driscoll. Editora Panda Books.

    Esse livro vai guiar você em uma expedição pelo meio ambiente.

- **O Saci e a reciclagem do lixo**, de Samuel Murgel Branco. Editora Moderna.

    O Saci aprendeu sobre a importância da reciclagem do lixo. Mas, afinal, o que é reciclagem?

Para acessar

- https://edukatu.org.br/

    Existe uma rede de aprendizagem e mobilização de professores e alunos para o consumo consciente. Veja que interessante!

    Acesso em: 7 maio 2018.

UNIDADE

7
Saneamento básico

Nesta unidade você vai:

- Reconhecer a importância dos mananciais.
- Compreender como a água é tratada e distribuída.
- Entender como o esgoto é tratado.
- Reconhecer as formas de tratamento e de destino do lixo.
- Refletir sobre as atitudes que contribuem para a redução do lixo.

💬 Observe a imagem e converse com seus colegas:

1. A espuma presente no rio Tietê chama a atenção. Você saberia dizer o que é essa espuma? De onde ela vem?

2. O que é poluição? Você já viu um rio poluído? Descreva para os colegas como era o aspecto da água e das margens, o cheiro, etc.

3. Quando despejamos esgoto ou lixo em um rio, quem estamos prejudicando? Por quê?

Concentração de espuma relacionada ao despejo inadequado de esgotos em Pirapora do Bom Jesus, São Paulo, 2015.

De onde vem a água que consumimos?

Você acorda e vai ao banheiro. Depois, toma o café da manhã e está pronto para começar o dia, certo? O que todas essas atividades têm em comum? Água! Sim, a água está presente na maioria das nossas atividades do dia a dia.

Nós já vimos que a água é essencial, não só porque precisamos dela para nos manter vivos, mas também porque sem a água não seria possível produzir a maioria das coisas que consumimos. Veja a ilustração abaixo.

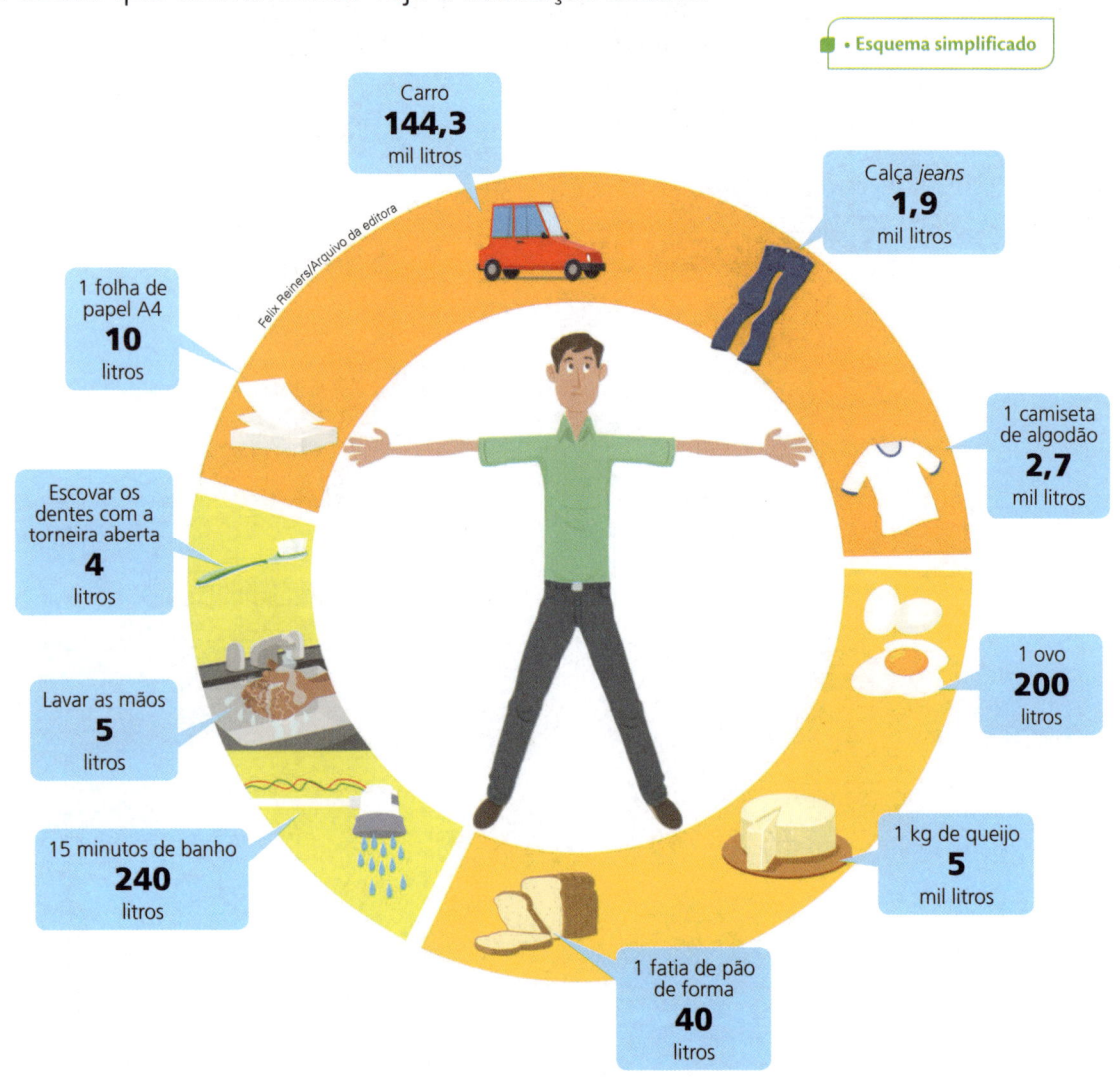

• Esquema simplificado

Carro
144,3
mil litros

Calça *jeans*
1,9
mil litros

1 folha de papel A4
10
litros

1 camiseta de algodão
2,7
mil litros

Escovar os dentes com a torneira aberta
4
litros

1 ovo
200
litros

Lavar as mãos
5
litros

15 minutos de banho
240
litros

1 kg de queijo
5
mil litros

1 fatia de pão de forma
40
litros

Quantidade de água consumida em atividades diárias ou para produzir alguns itens.
Fonte dos dados: <www.fullfootprint.org/water-footprint.html>. Acesso em: 15 jun. 2018.

Além da água utilizada para produzir o que consumimos, também usamos a água que chega até nossas casas. Você já parou para pensar de onde vem essa água?

Os mananciais

Os mananciais são fontes de água doce utilizadas para o consumo ou para a realização de atividades econômicas. Nascentes de água, rios, lagos, **lençóis freáticos**, açudes e represas são exemplos de mananciais que fornecem água para ser tratada e distribuída à população.

Lençol freático: água subterrânea.

Reservatório do Descoberto em Brasília, Distrito Federal, 2017.

A represa Billings é um dos maiores sistemas de abastecimento do estado de São Paulo, 2015.

Geralmente, o fornecimento de água tratada é o primeiro passo para o **saneamento** de um bairro.

A água captada do manancial é levada por bombeamento até a estação de tratamento de água, para depois ser distribuída à população.

Saneamento: série de medidas que tornam uma área limpa, habitável e sadia para a população.

As leis de proteção aos mananciais exigem que a mata ao redor do reservatório de água seja preservada. Essas leis também proíbem a construção de moradias que lancem esgoto na água.

- Por que é necessário proteger as áreas de mananciais?

Agora é com você

1 Em 2009, a cidade do Rio de Janeiro foi escolhida como sede dos Jogos Olímpicos, um dos eventos esportivos mais importantes do mundo. Na ocasião, uma das metas era que até a realização dos jogos, em 2016, a baía de Guanabara, localizada no estado do Rio de Janeiro, passasse por um processo de despoluição. Leia o texto abaixo sobre esse assunto.

> [...] A Baía de Guanabara recebe, por segundo, 8 000 litros de esgoto e, por dia, 90 toneladas de lixo. Dos 15 municípios que ficam em seu entorno, somente Niterói tem um sistema de tratamento de esgoto minimamente razoável. A cidade de São Gonçalo, por exemplo, uma das mais populosas do estado, tem apenas 5% do esgoto tratado. O resto acaba indo direto para as águas. [...]
>
> BORTOLOTI, Marcelo. Por que a Baía de Guanabara continua poluída nos Jogos Olímpicos? Revista **Época**. Disponível em: <http://epoca.globo.com/esporte/olimpiadas/noticia/2016/08/por-que-baia-de-guanabara-continua-poluida-nos-jogos-olimpicos.html>. Acesso em: 8 maio 2018.

Lixo na Baía de Guanabara, no Rio de Janeiro, 2017.

- Releia a definição de saneamento na página 135 e responda: A solução para o problema da poluição na baía de Guanabara está relacionada com o saneamento? Por quê?

2 Precisamos de água para beber e para fazer nossa higiene todos os dias. Além desses usos, em que outras situações a água é necessária?

Tratamento de água e de esgoto

Para termos boas condições de saneamento, a água que chega em nossas casas deve passar por processos de tratamento. Isso garante que ela fique limpa e livre de agentes que podem nos causar doenças.

A água usada que sai de nossas casas, ou seja, o esgoto, também deve ser tratada antes de ser despejada no ambiente, para que não polua rios, lagos, mares ou mesmo o solo. Vamos conhecer como ocorrem esses processos de tratamento.

Ao ser captada do manancial, a água vai para uma estação de tratamento. Lá ela passa por três etapas de limpeza em tanques e, na última, recebe cloro e flúor. O cloro mata os microrganismos e o flúor evita as cáries dentárias na população.

A água tratada é levada para reservatórios, de onde é distribuída para toda a cidade. Veja no esquema a seguir, passo a passo, o processo pelo qual ela passa.

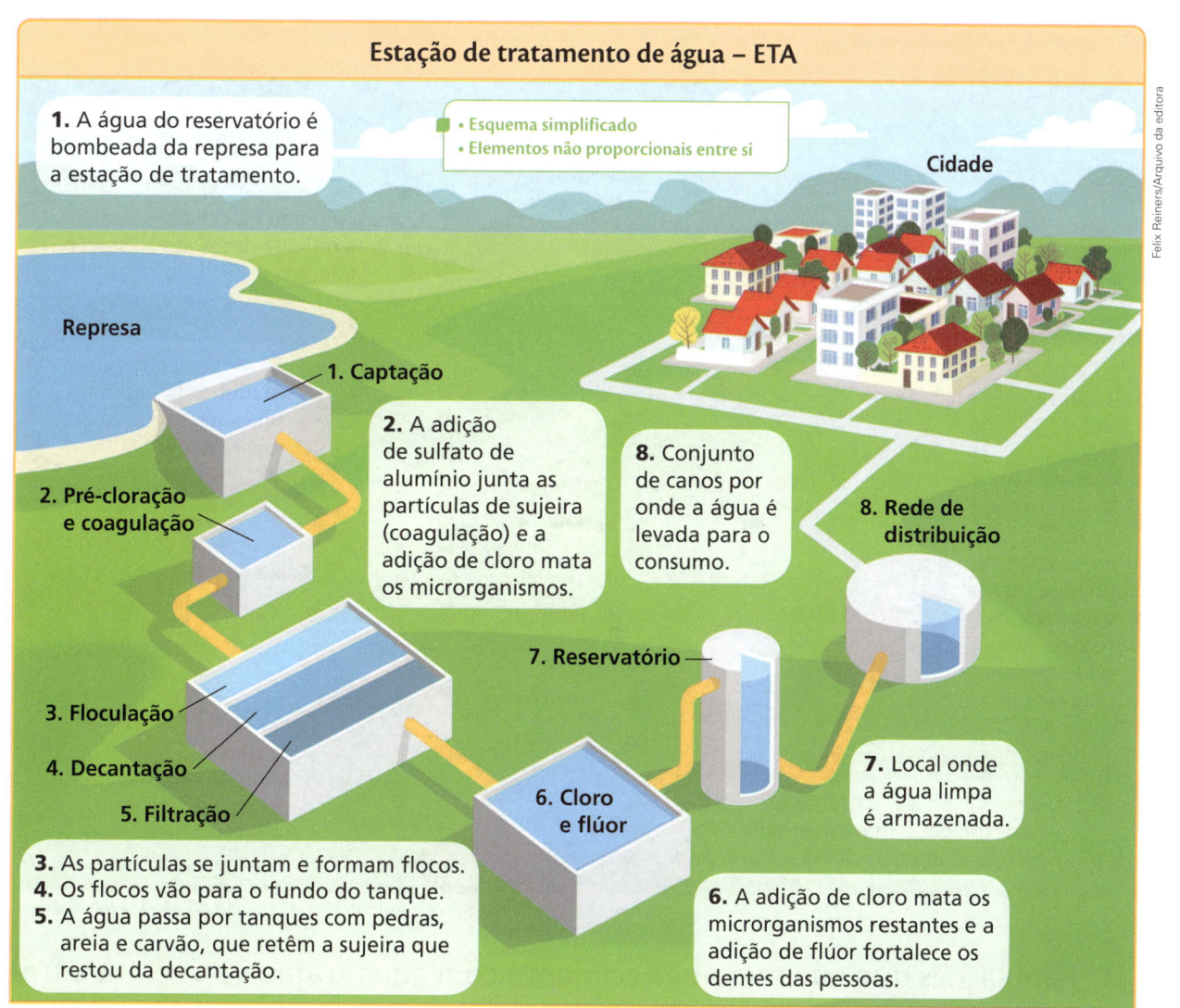

Estação de tratamento de água – ETA

- Esquema simplificado
- Elementos não proporcionais entre si

1. A água do reservatório é bombeada da represa para a estação de tratamento.

Represa

Cidade

1. Captação

2. Pré-cloração e coagulação

2. A adição de sulfato de alumínio junta as partículas de sujeira (coagulação) e a adição de cloro mata os microrganismos.

3. Floculação

4. Decantação

5. Filtração

6. Cloro e flúor

7. Reservatório

7. Local onde a água limpa é armazenada.

8. Conjunto de canos por onde a água é levada para o consumo.

8. Rede de distribuição

3. As partículas se juntam e formam flocos.
4. Os flocos vão para o fundo do tanque.
5. A água passa por tanques com pedras, areia e carvão, que retêm a sujeira que restou da decantação.

6. A adição de cloro mata os microrganismos restantes e a adição de flúor fortalece os dentes das pessoas.

Fonte: Companhia de Saneamento Básico do Estado de São Paulo – Sabesp.

Infelizmente, no Brasil, muitas casas ainda não contam com uma rede de coleta e tratamento de esgoto. Isso significa que o esgoto dessas residências vai diretamente para algum rio ou córrego. Isso polui o ambiente, gera mau cheiro e pode causar muitas doenças na população.

Para que o esgoto tenha um destino correto, ele precisa ser coletado de nossas casas para então ser encaminhado a uma estação de tratamento de esgoto. Veja no esquema a seguir, passo a passo, como ocorre esse processo.

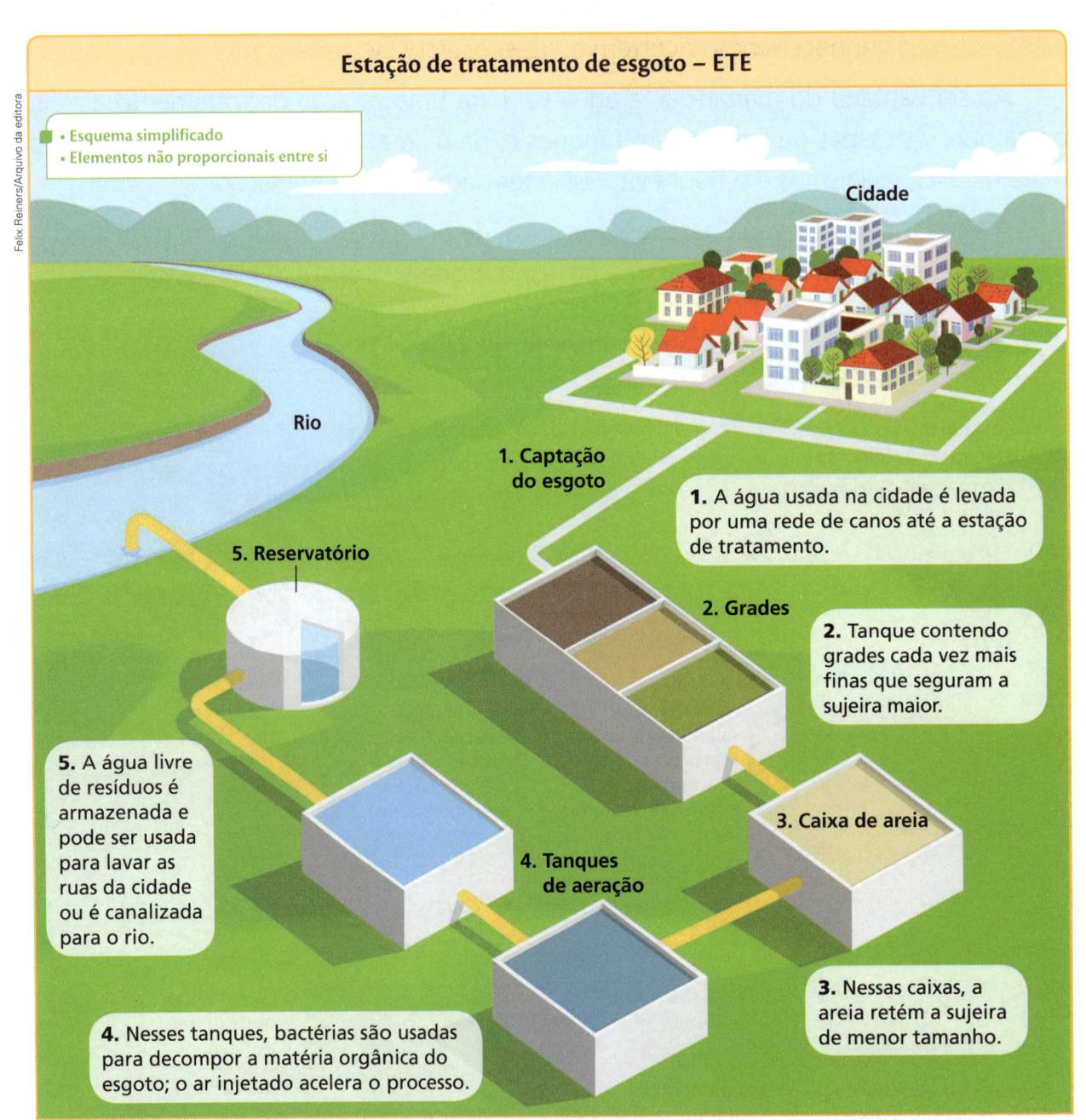

Estação de tratamento de esgoto – ETE

- Esquema simplificado
- Elementos não proporcionais entre si

Cidade

Rio

1. Captação do esgoto

1. A água usada na cidade é levada por uma rede de canos até a estação de tratamento.

5. Reservatório

2. Grades

2. Tanque contendo grades cada vez mais finas que seguram a sujeira maior.

5. A água livre de resíduos é armazenada e pode ser usada para lavar as ruas da cidade ou é canalizada para o rio.

4. Tanques de aeração

3. Caixa de areia

3. Nessas caixas, a areia retém a sujeira de menor tamanho.

4. Nesses tanques, bactérias são usadas para decompor a matéria orgânica do esgoto; o ar injetado acelera o processo.

Fonte: Companhia de Saneamento Básico do Estado de São Paulo – Sabesp.

- **Populações que não têm abastecimento com água tratada ou coleta e tratamento de esgoto têm mais chances de adoecer? Por quê?**

UNIDADE 7

Vamos investigar

Filtração da água

ATENÇÃO: Faça com a ajuda de um adulto.

A água potável, ou seja, segura para ser ingerida, deve estar livre de microrganismos e elementos que podem causar doenças. Não é fácil identificar se a água é potável apenas olhando para ela porque os microrganismos e muitos poluentes não podem ser vistos. O máximo que nossos olhos conseguem identificar é quando a água está com uma coloração diferente ou com pedras, folhas ou terra. Será que conseguimos separar esses elementos invisíveis, tornando a água própria para o consumo? Vamos investigar!

Material

- uma garrafa PET de 2 litros cortada um pouco acima do meio (um adulto deverá cortar a garrafa)
- um copo descartável com água
- um pouco de terra
- cascalho fino
- uma colher descartável
- areia grossa e areia fina
- um chumaço de algodão
- um pedaço de tecido
- um elástico

Como fazer

1. Coloque o chumaço de algodão no gargalo da garrafa e prenda-o com o pedaço de tecido e o elástico.
2. Vire essa parte da garrafa e encaixe na outra parte.
3. Coloque o cascalho sobre o algodão.
4. Cubra o cascalho com a areia grossa e depois com a areia fina.
5. Misture a terra na água do copo e mexa com a colher.
6. Despeje a água com terra no filtro que você fez.

Vamos investigar

Observação

- Converse com os colegas sobre o que observaram.

    a) Como estava a água antes de passar pelo filtro?

    _____

    _____

    b) Como ficou a água depois de passar pelo filtro?

    _____

Conclusão

1) Você acha que conseguimos limpar a água? Por quê?

_____

_____

_____

_____

2) Você acha que podemos beber essa água? Por quê?

_____

_____

_____

_____

Pensando sobre os resultados

1) Volte à página 137, e reveja as etapas de tratamento da água na estação de tratamento. Qual etapa que ocorre na estação é semelhante à atividade que fizemos?

_____

2 Que etapa faltou na investigação que poderia tornar a água boa para o consumo?

3 Em casos em que não há abastecimento de água por uma estação de tratamento, qual a maneira de tornar a água segura para beber?

Vamos falar sobre...

Má qualidade da água pode causar doenças

A água é um dos elementos fundamentais para a saúde humana. Especialistas alertam que sua má qualidade pode provocar uma série de doenças quando ingerida. De acordo com o médico infectologista e professor da Pontifícia Universidade Católica (PUC), Carlos Alberto Lazar, as doenças causadas pela água contaminada podem levar a casos de diarreia, vômitos, dores abdominais, febre e desidratação. O infectologista ressalta que o número de casos é maior em crianças.

O especialista diz que a água pode ser contaminada por bactérias e parasitas. [...]

O infectologista não recomenda a ingestão de água sem ser filtrada. "A água deve ser filtrada ou mineral. De preferência, as pessoas não devem beber água diretamente da torneira. É importante, também, evitar beber água durante o banho", diz. Lazar diz que o filtro é uma das opções mais baratas para evitar doenças. "Além de ser mais fácil filtrar água, sai mais em conta do que ficar comprando água mineral." O especialista diz que outra opção também é ferver a água para eliminar as bactérias.

Disponível em: <www.jornalcruzeiro.com.br/materia/566565/ma-qualidade-da-agua-pode-causar-doencas>. Acesso em: 8 maio 2018.

- Em sua casa, quais medidas são tomadas para tornar a água adequada ao consumo?

Agora é com você

1 Observe a figura e leia a legenda.

Representação de moradias em uma área sem saneamento básico.

a) Qual é o destino do esgoto do lugar representado na figura?

b) Que problemas surgem quando o esgoto é despejado em riachos e rios?

c) Um riacho como esse pode ser usado para nadar ou brincar? Por quê?

d) A Lei do Saneamento Básico garante às pessoas o direito aos serviços públicos de água e de esgoto. Em uma cidade, a Prefeitura é responsável por fornecer a seus habitantes tratamento da água e também coleta, tratamento e descarte de esgotos. O que as pessoas de um bairro como o retratado na ilustração devem fazer para conseguir saneamento básico?

_____
_____
_____
_____

2 Onde há saneamento básico, a água que chega às casas passou pela estação de tratamento de água e está limpa.

O uso consciente da água requer reavaliar práticas diárias, como lavar louças.

a) A pessoa que está lavando a louça está usando a água corretamente?

_____
_____

b) Qual é a maneira correta de lavar a louça e não desperdiçar água?

_____
_____

Agora é com você

3 Observe, na fotografia ao lado, estes pontos da estação de tratamento de esgoto de Barueri, em São Paulo.

Vista aérea da estação de tratamento de esgoto de Barueri, São Paulo, 2011.

- Na parte superior, à esquerda, chega o esgoto que vai ser tratado.
- O esgoto passa para tanques compridos, onde há grades que retiram os resíduos maiores. Sem esses resíduos, ele passa para os tanques redondos.
- Nos tanques redondos, há pás que giram e agitam a água para nela dissolver o ar. Com mais ar na água, aumenta a atividade dos microrganismos decompositores (bactérias).
- O esgoto já limpo é lançado no rio.

a) Onde os resíduos maiores são retidos?

b) Qual é a função das pás que giram nos tanques redondos mostrados na fotografia?

c) A água que não é reutilizada é despejada no rio. Essa água polui o rio? Por quê?

O destino do lixo

Vimos que o esgoto, ou seja, o **resíduo** líquido que geramos em nossas casas, deve ser coletado e tratado antes de ser descartado no ambiente.

Resíduo: o que resta de qualquer substância; resto.

E para onde vão as cascas de frutas, os restos de comida, os guardanapos usados e os demais resíduos que produzimos no dia a dia? Esses resíduos sólidos, assim como os resíduos líquidos, também devem ser coletados e ter um destino adequado para não se acumularem no ambiente, causando doenças e contaminando o solo e a água.

Assim, a coleta e a correta destinação do material que chamamos de lixo também fazem parte do saneamento básico. No Brasil, existem três formas principais de destinação do lixo: o lixão, o aterro controlado e o aterro sanitário.

Lixão

Nos lixões, os resíduos são despejados diretamente sobre o solo. Nesse caso não há nenhuma preparação do solo nem tratamento do chorume, um líquido que é formado pelo acúmulo de resíduos sólidos. Ratos, moscas, aves e outros organismos convivem livremente no lixão e contribuem para a proliferação de doenças.

Assim, os lixões não são uma opção adequada de destino para os resíduos sólidos e não estão de acordo com as normas de saneamento básico.

Lixão a céu aberto em Chapada dos Guimarães, Mato Grosso, 2016.

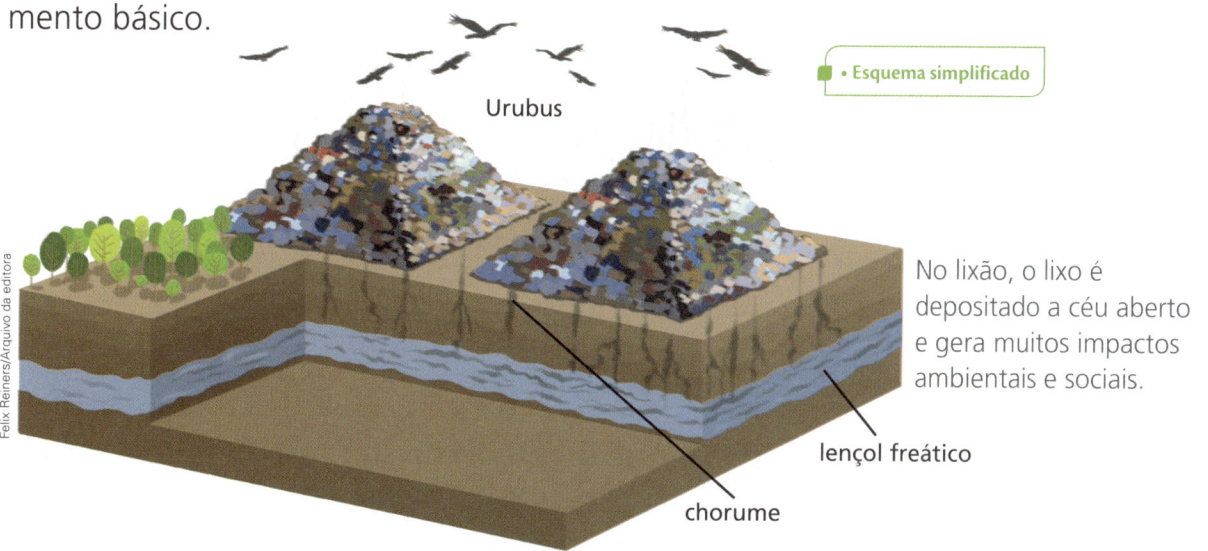

• Esquema simplificado

Urubus

No lixão, o lixo é depositado a céu aberto e gera muitos impactos ambientais e sociais.

lençol freático

chorume

Aterro controlado

Nos aterros controlados, ao contrário do que acontece nos lixões, o lixo recebe uma cobertura de terra. Porém, ainda assim, permanecem os problemas de contaminação do solo e da água pelo chorume.

Aterro sanitário

O aterro sanitário é a maneira mais adequada para destinar o lixo. Nesse sistema, o terreno é preparado com uma camada impermeável que evita a contaminação do solo e da água pelo chorume. O lixo vai sendo colocado em camadas que depois são cobertas por terra.

Os gases produzidos na decomposição do lixo são queimados e o chorume pode ser encaminhado para tratamento em uma estação de tratamento de esgoto.

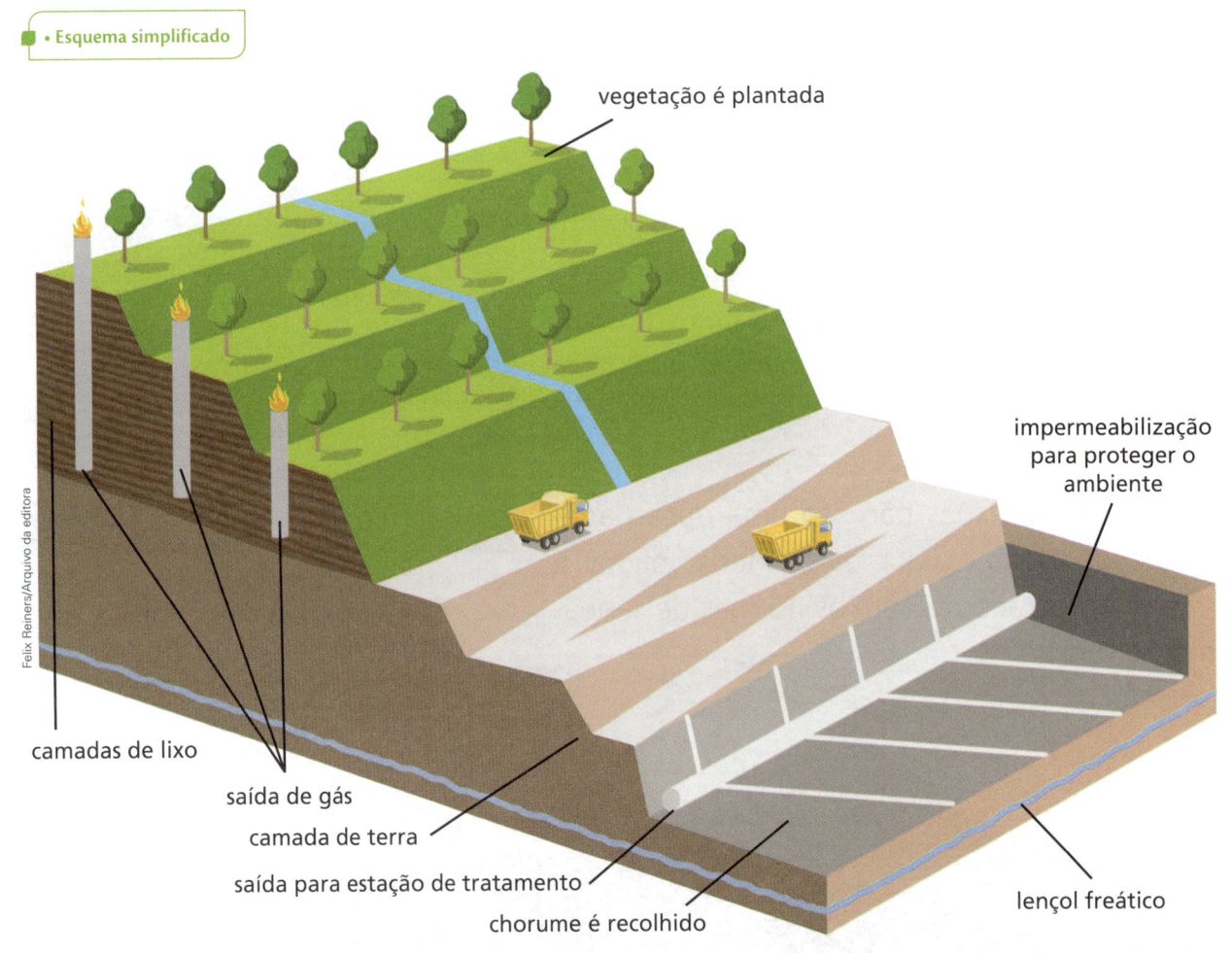

• Esquema simplificado

Nos aterros sanitários, o lixo é coberto por terra e o chorume é coletado para que não polua o ambiente.

- Você sabe para onde vai o lixo que é gerado na sua casa? Alguém da sua família sabe?

Autoavaliação

Agora é hora de pensar sobre o que você experimentou e aprendeu. Marque um **X** na opção que melhor representa seu desempenho.

	😀	🤔	😐
1. Reconheço a importância dos mananciais.			
2. Compreendo como a água é tratada e distribuída.			
3. Entendo como o esgoto é tratado.			
4. Reconheço as formas de destino do lixo.			
5. Procuro me informar sobre as atitudes que posso tomar e que contribuem para a redução do lixo.			

Sugestões

Para ler

- **Bichos do lixo**, de Ferreira Gullar. Edições de Janeiro.

    No livro, o autor usa pedaços de envelopes, convites, propagandas para fazer colagens e criar os animais. Com o olhar poético do autor, o lixo se transforma em arte.

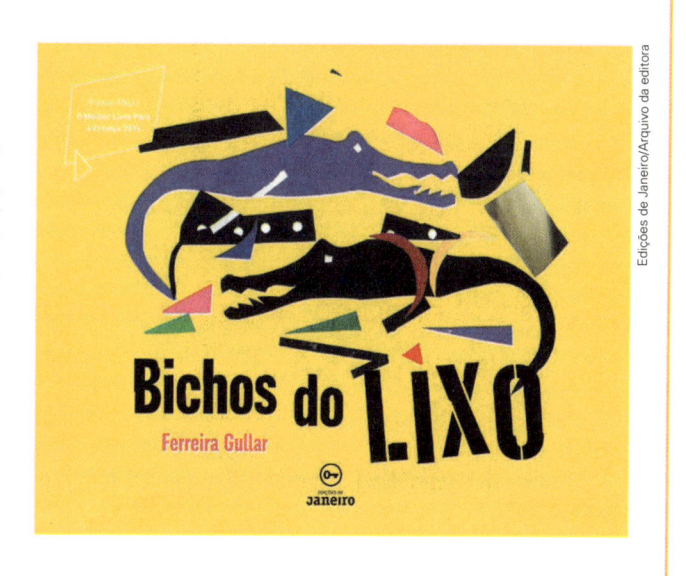

Para acessar

- www.clicfilhos.com.br/site/display_materia.jsp?titulo=lixo+que+vira+brinquedo

    Lixo pode virar brinquedo. Escolha qual você quer fazer: bilboquê, teatro de bonecos, dominó, casinha de bonecas, boliche, dinossauro, quebra-cabeça, etc.

    Acesso em: 8 maio 2018.

UNIDADE 8
O Sistema Solar

Nesta unidade você vai:

- Relacionar o dia e a noite com o movimento de rotação da Terra.
- Observar e descrever as diferentes fases da Lua.
- Relacionar as fases da Lua com as posições ocupadas pelo Sol, pela Lua e pela Terra.
- Reconhecer e identificar os planetas e os outros astros do Sistema Solar.
- Compreender como ocorrem as diferentes estações do ano.

Observe a imagem e converse com seus colegas:

1. O que está representado na imagem?
2. Quais planetas do Sistema Solar você conhece?
3. Além dos planetas, você conhece outros astros do Sistema Solar? Quais?

• Cores artificiais • Esquema simplificado
• Elementos e distâncias não proporcionais entre si

Sol: o maior astro do Sistema Solar

ATENÇÃO: Nunca olhe diretamente para o Sol, pois isso pode prejudicar sua visão.

Os dias ensolarados geralmente são mais quentes do que os dias nublados. Mas, mesmo nos dias frios, quando estamos sob a luz do Sol sentimos nosso corpo mais aquecido do que quando estamos na sombra.

Você sabe por que o Sol torna os dias mais quentes?

Imagem do Sol obtida em 2015 do **telescópio espacial** instalado na sonda do Observatório da Dinâmica Solar da Nasa, a agência espacial norte-americana. É possível observar algumas grandes explosões.

Telescópio espacial: é um instrumento equipado com lentes muito potentes, enviado ao espaço para que o ser humano possa observar e investigar o Universo.

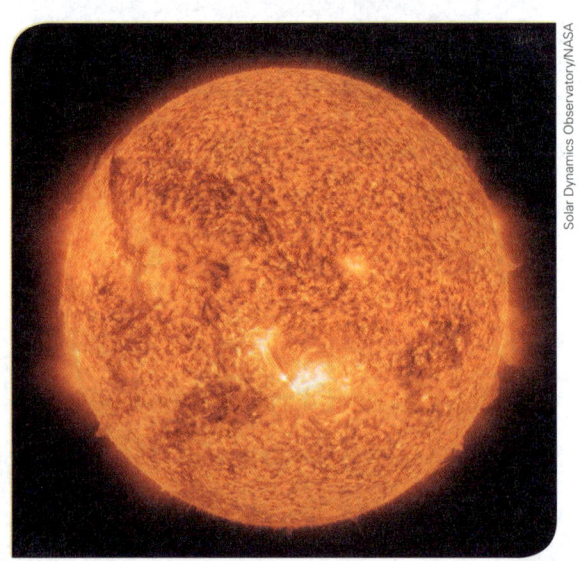

O Sol é uma estrela e, como todas as estrelas, emite luz. Dizemos que as estrelas têm luz própria. Essa luz chega ao planeta Terra, iluminando e aquecendo os dias.

O Sol é a maior fonte de energia que chega até nós.

O dia e a noite

Você já deve ter observado que no começo da manhã a temperatura é mais baixa do que ao meio-dia.

Essa variação de temperatura acontece porque a Terra muda de posição em relação ao Sol. Quando amanhece, podemos observar o Sol próximo ao horizonte. Ao longo da manhã, ele pode ser avistado cada vez mais alto no céu, e ao meio-dia ele pode ser observado na posição mais alta.

Durante a tarde, o Sol pode ser avistado cada vez mais baixo no céu, até desaparecer no horizonte oposto.

Nós, que estamos no planeta Terra, observamos o movimento do Sol no céu ao longo do dia. Isso ocorre por causa do movimento de rotação da Terra. Ela gira para um lado e observamos o Sol se mover para o outro.

É por causa do movimento de rotação que temos os dias e as noites. A Terra demora cerca de 24 horas para dar uma volta completa em torno de si mesma. Assim, enquanto uma face do planeta está recebendo luz solar, a outra permanece no escuro, ou seja, enquanto em uma face é dia, na outra é noite.

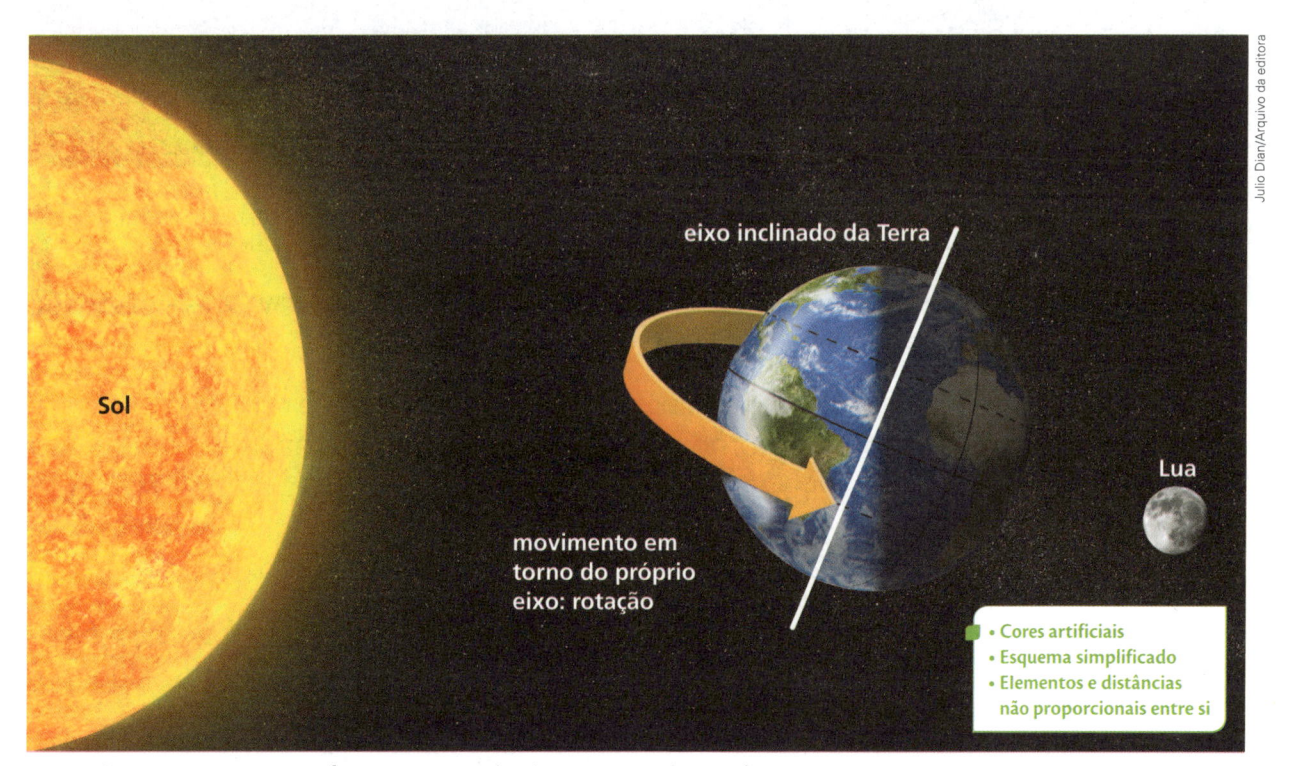

O movimento que a Terra faz em torno de si mesma é chamado rotação.

- As estrelas estão sempre no céu, mesmo durante o dia. Mas por que vemos estrelas apenas durante a noite?

Estações do ano

Você sabe quantos dias dura um ano? Aproximadamente 365 dias. Esse é o tempo que a Terra demora para dar uma volta completa em torno do Sol.

Durante o ano, também observamos quatro estações que ocorrem em sequência: verão, outono, inverno e primavera. Isso acontece porque as estações do ano dependem de como a luz do Sol atinge a Terra. Observe a figura abaixo.

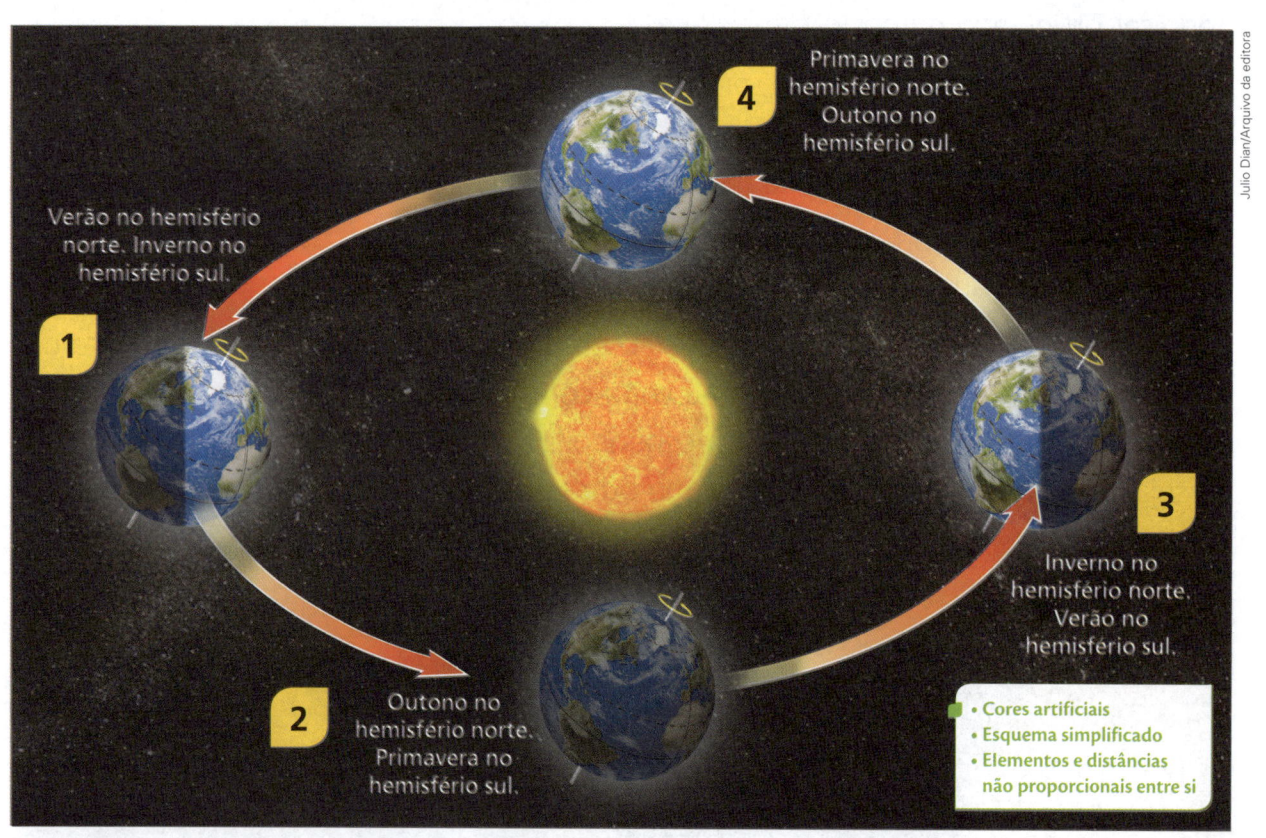

4 Primavera no hemisfério norte. Outono no hemisfério sul.

1 Verão no hemisfério norte. Inverno no hemisfério sul.

3 Inverno no hemisfério norte. Verão no hemisfério sul.

2 Outono no hemisfério norte. Primavera no hemisfério sul.

- Cores artificiais
- Esquema simplificado
- Elementos e distâncias não proporcionais entre si

Movimento da Terra em torno do Sol: translação.

Observe que a Terra gira em torno do Sol e é um pouco inclinada em relação ao próprio eixo. Assim, quando a luz do Sol atinge de forma mais direta o hemisfério norte (1), dizemos que é verão naquele hemisfério. No hemisfério sul, que recebe menos luz, temos o inverno. Isso acontece nos meses de junho, julho e agosto.

Cerca de seis meses depois, quando a Terra completa meia volta em torno do Sol, a luz solar é mais direcionada ao hemisfério sul, onde temos o verão (3). Nessa mesma época é inverno no hemisfério norte, que recebe menos luz.

- Em qual estação do ano estamos hoje? Que estação do ano deve ser no hemisfério norte?

A Lua, satélite natural da Terra

Você sabe o que é um satélite?

Satélite é todo objeto que gira ao redor de um planeta. A Lua é um satélite natural e é um astro que gira em torno do planeta Terra.

A Lua tem crateras gigantescas. Muitas delas foram provocadas ao longo do tempo por impactos de **meteoritos**. Outras crateras foram formadas por erupções vulcânicas semelhantes às que ocorrem na Terra.

Meteorito: qualquer fragmento sólido do Sistema Solar que atinge a superfície de um corpo celeste.

Na Lua, existem cristais de gelo nas regiões polares, mas não há água líquida.

Lá também não há ar; logo, não há vento. Na superfície da Lua, também há planícies, montanhas e vales, mas não há plantas nem animais.

A Lua não é uma estrela como o Sol e por isso não tem luz própria. Só conseguimos ver a Lua porque ela reflete a luz do Sol.

Astronauta e módulo lunar na superfície da Lua. No destaque, cratera Daedalus, fotografada pela tripulação da missão Apollo 11, da Nasa, em 1969.

Fases da Lua

A Lua demora quase um mês para dar uma volta completa ao redor da Terra. Ela passa por quatro fases: lua nova, quarto minguante, lua cheia e quarto crescente.

> • Cores artificiais
> • Esquema simplificado
> • Elementos e distâncias não proporcionais entre si

• **Olhe o céu hoje à noite e localize a Lua. Em que fase ela está?**

Na fase de lua nova, o lado da Lua iluminado pelo Sol não está voltado para a Terra. Nessa fase, a Lua passa pelo céu durante o dia.

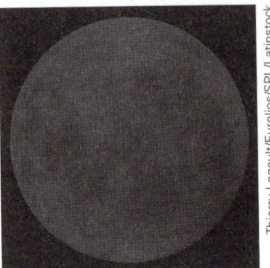

Lua nova vista da Terra.

No quarto crescente, conseguimos enxergar somente metade do lado iluminado da Lua.

Quarto crescente visto da Terra (hemisfério sul).

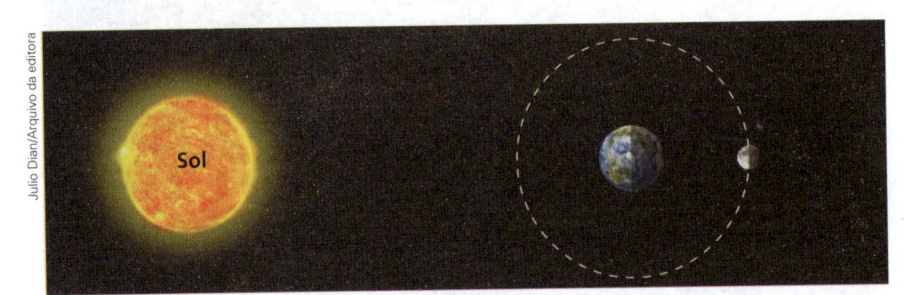

Na lua cheia, conseguimos enxergar todo o lado iluminado da Lua porque ele está inteiramente de frente para a Terra.

Lua cheia vista da Terra.

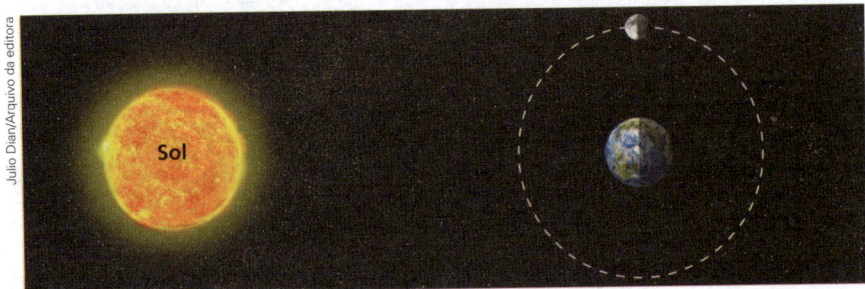

A última das quatro mais conhecidas fases da Lua, antes de recomeçar o ciclo, é a fase do quarto minguante. Nessa fase também conseguimos enxergar apenas metade do lado iluminado da Lua.

Quarto minguante visto da Terra (hemisfério norte).

UNIDADE 8

Vamos falar sobre...

Satélites artificiais

Existem milhares de dispositivos produzidos pelo ser humano girando em torno da Terra atualmente: são os chamados satélites artificiais. Para que servem esses equipamentos?

> Nada menos que 2 783 deles rodam sobre nossas cabeças, segundo estimativas da Força Aérea estadunidense, executando as mais diversas funções. Os modelos mais tradicionais, ativos desde o final da década de 60, possibilitam transmissões globais de TV e ajudam na previsão do tempo. Mais recentemente, entraram em operação novos sistemas de telefonia [...] e de navegação (GPS), que também usam satélites. [...] A maior parte dos modelos restantes se divide entre funções militares (espionagem), científicas (monitoração do meio ambiente) e de observação (para ajudar na confecção de mapas, por exemplo). Só no ano passado, foram colocados em órbita 81 satélites, nem todos para oferecer novos serviços. Um grande número deles vai ao espaço apenas para substituir modelos antigos, já que a vida útil dessas máquinas é curta – cerca de dez anos.
>
> [...]
>
> Disponível em: <http://mundoestranho.abril.com.br/ciencia/que-satelites-ha-hoje-orbitando-a-terra-para-que-servem>. Acesso em: 7 maio 2018.

- **Cite objetos do seu dia a dia que utilizam a tecnologia dos satélites artificiais.**

Os planetas do Sistema Solar

Os planetas são astros que giram ao redor de uma estrela.

No Sistema Solar, a Terra e outros planetas giram em torno do Sol.

Ao todo, são oito planetas conhecidos: Mercúrio, Vênus, Terra, Marte, Júpiter, Saturno, Urano e Netuno.

O movimento que os planetas fazem ao redor do Sol é chamado **translação**.

De acordo com sua composição, os planetas podem ser classificados em planetas rochosos e planetas gasosos.

Os planetas rochosos são: Mercúrio, Vênus, Terra e Marte.

Os planetas gasosos e também os maiores do Sistema Solar são: Júpiter, Saturno, Urano e Netuno.

- Cores artificiais
- Esquema simplificado
- Elementos e distâncias não proporcionais entre si

Mercúrio, o menor planeta do Sistema Solar, pode ser visto da Terra sem telescópio. Não tem satélites.

- Cores artificiais
- Elementos não proporcionais entre si

Terra, planeta com grande quantidade de água líquida e ar. Tem um satélite, a Lua.

Vênus pode ser visto da Terra sem telescópio. Não tem satélites.

Marte pode ser visto da Terra sem auxílio de instrumentos. Tem dois satélites.

Júpiter, o maior planeta do Sistema Solar, pode ser visto da Terra sem telescópio. Também possui anéis, como Saturno. Tem 68 satélites conhecidos.

Saturno, o planeta dos anéis, tem 62 satélites conhecidos. É o mais distante dos planetas que se pode ver da Terra sem telescópio.

Urano tem 27 satélites conhecidos.

Netuno é o último planeta em relação ao Sol. Tem 14 satélites conhecidos.

Agora é com você

1 Ligue corretamente a fase da Lua à sua imagem.

- Lua cheia
- Quarto minguante
- Lua nova
- Quarto crescente

2 Complete o esquema abaixo indicando o nome de cada fase da Lua representada.

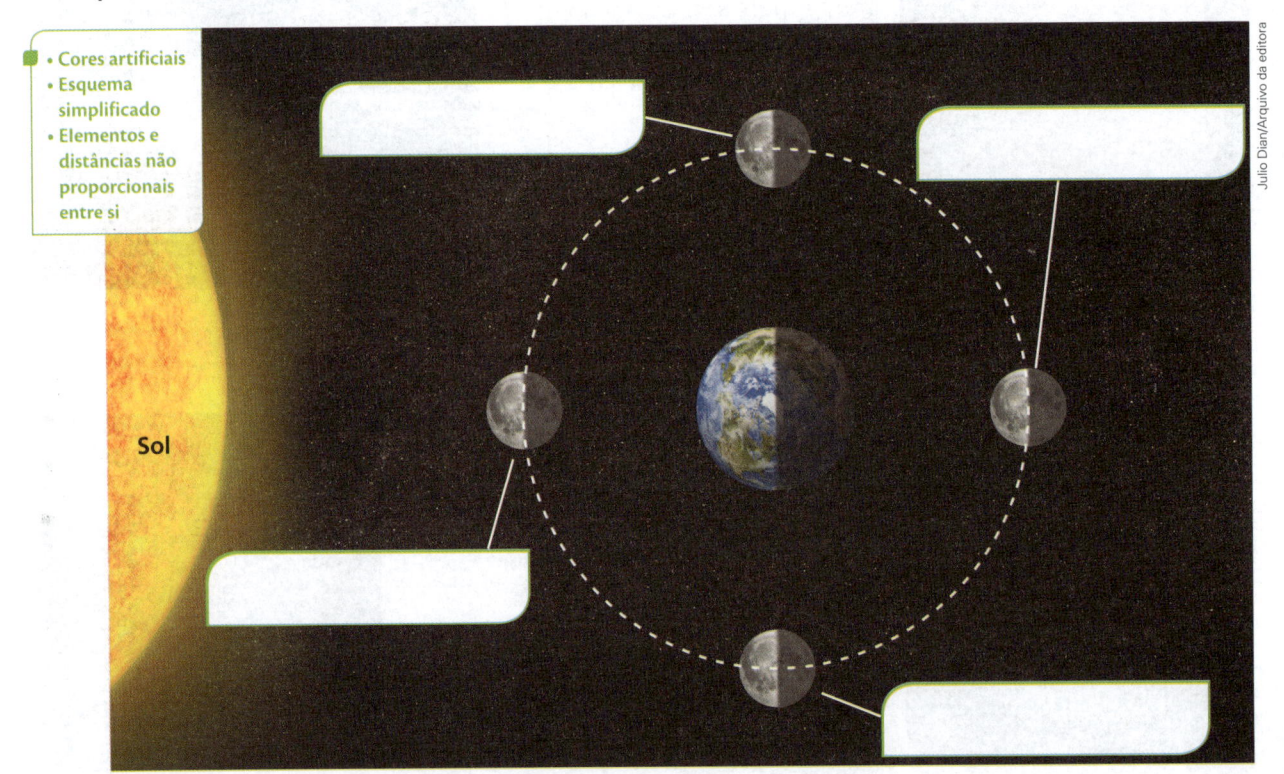

- Cores artificiais
- Esquema simplificado
- Elementos e distâncias não proporcionais entre si

Sol

158 UNIDADE 8

3 Coloque em ordem o nome dos planetas gasosos do Sistema Solar.

PRÚIJET

....

NROSATU

....

UNARO

....

TEUONN

....

4 Circule apenas os planetas rochosos.

| Mercúrio | Netuno | Marte | Terra | Urano | Saturno | Vênus |

5 Faça um desenho do Sistema Solar e identifique todos os planetas. Você pode utilizar setas indicativas em seu desenho.

6 O esquema ao lado representa um dos movimentos da Terra. Que movimento é esse?

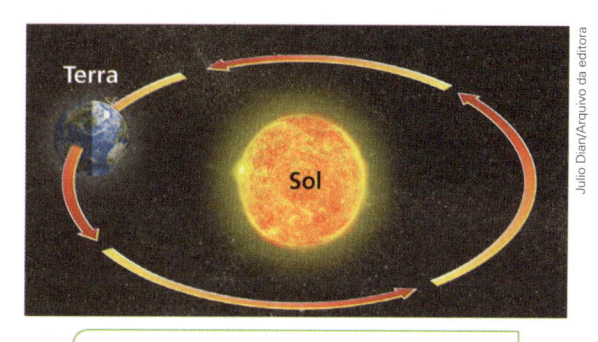

....

....

- Cores artificiais
- Esquema simplificado
- Elementos e distâncias não proporcionais entre si

Outros astros do Sistema Solar

Alguns astros menores que os planetas, mas similares a eles, são chamados **planetas-anões**. Alguns têm satélites que giram ao seu redor.

Os **asteroides** são menores do que os planetas-anões. Em geral, eles têm formato irregular e também giram ao redor do Sol.

Já os **cometas** são astros menores que os asteroides, cobertos de gelo e poeira. Ao se aproximarem do Sol, esse gelo derrete, formando a cauda do cometa.

Entre os menores astros do Sistema Solar, estão os meteoroides. Muitos deles, quando entram na atmosfera terrestre, pegam fogo por causa do atrito com o ar, deixando um caminho luminoso no céu, que chamamos de **meteoro** ou **estrela cadente**.

Aqueles que não queimam totalmente e caem na Terra são chamados **meteoritos**. No impacto com a superfície terrestre, um meteorito grande pode abrir uma cratera no solo e se partir em vários pedaços.

No sertão da Bahia, por volta do ano de 1784, foi encontrado um grande meteorito chamado meteorito de Bendegó. Em 1785, durante uma tentativa de transportá-lo à cidade de Salvador, ele caiu acidentalmente em uma ribanceira e ficou lá por mais de cem anos. Atualmente, esse meteorito se encontra no Museu Nacional do Rio de Janeiro.

Plutão foi considerado o nono planeta do Sistema Solar até 2006. Hoje é classificado como planeta-anão.

Asteroide Vesta, que está no cinturão dos asteroides, entre Marte e Júpiter.

Cometa Lovejoy, fotografado em 2015 por pesquisadores do Centro Goddard de Astrobiologia da Nasa.

Segunda tentativa de transporte do meteorito de Bendegó no estado da Bahia, 1887.

Agora é com você

1 Ligue corretamente as duas colunas.

• Elementos não proporcionais entre si

- planeta
- cometa
- estrela
- satélite natural

2 Faça um desenho indicando os movimentos de rotação e translação da Terra. Lembre-se de que a Terra é levemente inclinada em relação ao seu eixo. Não se esqueça de desenhar o Sol e indicar quais partes do planeta estão iluminadas.

Agora é com você

3 Por que, apesar do nome, uma estrela cadente não pode ser considerada uma estrela de verdade?

_____

_____

4 Complete o esquema abaixo com as estações do ano em cada hemisfério.

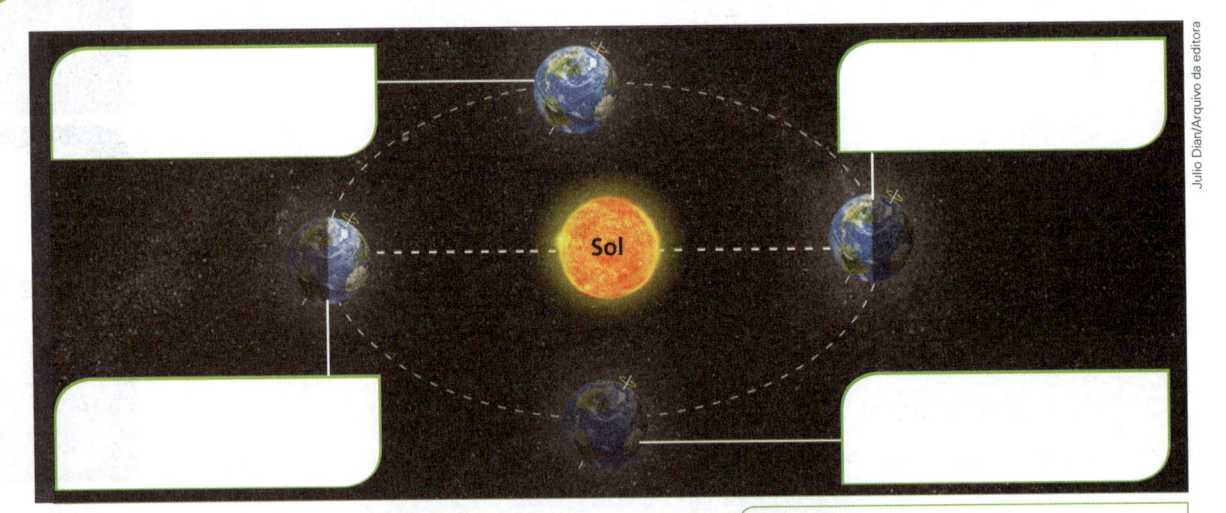

- Cores artificiais
- Esquema simplificado
- Elementos e distâncias não proporcionais entre si

5 Assinale a alternativa correta.

- Em destaque na foto acima, vemos:

☐ um planeta.   ☐ uma estrela.

☐ um satélite.   ☐ um cometa.

162 UNIDADE 8

Autoavaliação

Agora é hora de pensar sobre o que você experimentou e aprendeu. Marque um **X** na opção que melhor representa seu desempenho.

	😀	🤔	😐
1. Relaciono o dia e a noite com o movimento de rotação da Terra.			
2. Consigo observar e descrever as diferentes fases da Lua.			
3. Relaciono as fases da Lua com as posições ocupadas pelo Sol, pela Lua e pela Terra.			
4. Reconheço e identifico os planetas e os outros astros do Sistema Solar.			
5. Compreendo como ocorrem as diferentes estações do ano.			

Sugestões

Para ler

- **A história do dia e da noite**, de Jacqui Bailey e Matthew Lilly. Editora DCL.

  Essa história explica a existência do dia e da noite. Você vai saber por que as sombras mudam de lugar e descobrir o que é o Sol.

- **Cartas lunares**, de Rui de Oliveira. Companhia das Letrinhas.

  As quatro fases da Lua são mostradas de forma lúdica por meio de palavras e ilustrações do autor.

Para acessar

- http://uranometrianova.pro.br/planetarios/planbrasil.htm

  Nesse *site*, você encontra os endereços de planetários no Brasil.

  Acesso em: 8 maio 2018.

UNIDADE

9 Ampliando nossos sentidos

Nesta unidade você vai:

- Entender como usamos nossos sentidos para perceber o ambiente.
- Identificar instrumentos que ampliam a capacidade dos nossos sentidos.
- Reconhecer a vida dos seres microscópicos.
- Reconhecer a importância do uso de instrumentos para investigar o mundo ao nosso redor.

💬 Observe a imagem e converse com seus colegas:

1. A imagem mostra um mosquito. Ele usa uma parte da boca para sugar sangue de animais, como os seres humanos. Você já viu um mosquito? Que tamanho ele tinha?

2. Use uma régua para medir o mosquito fotografado na imagem. Ele tem um tamanho maior ou menor do que o mosquito que você viu? Por quê?

3. Como você acha que foi possível obter essa fotografia?

Fêmea de mosquito da espécie *Aedes albopictus* sobre a pele humana. Imagem de microscópio eletrônico colorida artificialmente e ampliada em aproximadamente 20 vezes.

Quais são os nossos sentidos?

Observe a imagem ao lado. Imagine que você estivesse dançando com essas crianças. De que modo perceberia o ambiente a sua volta? Ouviria a música sendo tocada? Olharia para seus colegas e sentiria os bastões batendo um no outro? Como sentiria no ar o cheiro do seu próprio corpo?

Os seres humanos percebem o ambiente a sua volta por meio de cinco sentidos. Ao ouvir a música, é a **audição** que está sendo estimulada. Ao observar os colegas, é a **visão** que está sendo usada. O que sentimos quando os bastões se encontram é percebido pelo **tato**. O cheiro do corpo é sentido por meio do **olfato**. E há, ainda, um quinto sentido, a **gustação**, responsável pela percepção dos gostos.

Grupo dançando congada em São Luiz do Paraitinga, São Paulo, 2013.

Ver, ouvir, sentir cheiros e sabores e perceber o aspecto e a temperatura daquilo que está a nossa volta são capacidades que nos ajudam também a prevenir situações de perigo. Os sentidos são, por isso, muito importantes para uma boa qualidade de vida.

Ouvir música e dançar pode nos trazer a sensação de bem-estar.

- Tente imaginar alguma situação em que você foi auxiliado, de alguma forma, por um dos cinco sentidos. Comente com seus colegas.

Agora é com você

1 Escreva o sentido associado a cada uma das seguintes situações do dia a dia.

a) Encostar a mão em uma panela quente e tirá-la rapidamente: ....

b) Sentir um cheiro de queimado e avisar um adulto: ....

c) Enxergar uma bola chutada em sua direção e se desviar dela: ....

d) Sentir um gosto estranho na água e parar de bebê-la: ....

e) Ouvir a sirene de uma ambulância e esperar para atravessar a rua: ....

2 Volte às situações propostas na atividade 1 e complete:

a) Encostar a mão em uma panela quente e tirá-la rapidamente evita que nos .... Essa proteção ocorre por causa do sentido do ....

b) Sentir um cheiro de queimado e avisar um adulto evita que algo se .... Isso é possível por meio do sentido do ....

c) Enxergar uma bola chutada em sua direção e se desviar dela evita que você se .... Isso é possível por meio do sentido da ....

d) Sentir um gosto estranho na água e parar de bebê-la evita a .... Essa proteção acontece devido ao sentido da ....

e) Ouvir a sirene de uma ambulância e esperar para atravessar a rua evita que você seja .... Isso é possível graças ao sentido da ....

Vamos investigar

Quente ou frio?

Quando tocamos uma superfície qualquer, somos capazes de dizer como a sentimos com relação à temperatura: se está quente, fria ou com uma temperatura parecida com a de nosso corpo. Mas será que nossas mãos podem ser usadas como um termômetro, ou seja, será que somos capazes de dizer a temperatura exata daquilo que tocamos? Vamos investigar.

Levantando hipóteses

- Podemos saber, em qualquer situação, se os objetos estão quentes ou frios tocando neles?

☐ Sim ☐ Não

ATENÇÃO: Nunca toque em objetos que acabaram de sair do forno ou do fogão.

Material

Três recipientes com água, sendo:

- um com água gelada
- um com água da torneira (água à temperatura ambiente)
- um com água morna

ATENÇÃO: A água será aquecida pelo professor ou por outro adulto.

Como fazer

1. Organize os três recipientes em uma bancada a sua frente, deixando aquele que contém água da torneira no meio dos outros dois.

2. Coloque uma mão na água gelada e a outra mão na água morna. Deixe as mãos submersas por cerca de vinte segundos.

3. Retire as duas mãos ao mesmo tempo e coloque ambas no recipiente do meio, que contém água da torneira.

Pensando sobre os resultados

- Qual foi a sua sensação quando você colocou:

    a) suas mãos nos dois recipientes diferentes?

    b) as duas mãos juntas no mesmo recipiente com água da torneira?

Vamos investigar

Conclusão

1 Sua hipótese inicial estava correta?

☐ Sim   ☐ Não

2 O tato é um bom indicador de temperatura?

_____

_____

3 Por que precisamos de termômetro?

_____

_____

Aplicando as descobertas

1 Para verificar com precisão se uma pessoa está com febre, deve-se recorrer ao termômetro ou ao tato? Por quê?

_____

_____

_____

2 É importante que a escola tenha termômetro para verificar a temperatura do corpo de uma pessoa? Explique sua resposta.

_____

_____

_____

A parte metálica dos termômetros digitais fica em contato por algum tempo com uma parte do corpo (as axilas, por exemplo) e mede de maneira precisa a temperatura do organismo.

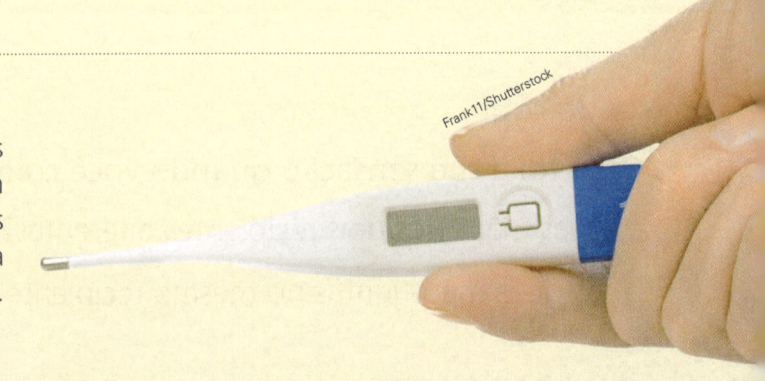

Frank11/Shutterstock

170 UNIDADE 9

A ampliação dos sentidos por meio de instrumentos

O caso do mosquito discutido na abertura desta unidade ajudou você a perceber que nem sempre a visão revela detalhes sobre como é um objeto.

Mas será que isso vale também para os outros sentidos? Você acha que nossos sentidos têm limites em relação a como percebemos o mundo?

Quando queremos ouvir um pouco melhor um som baixo ou distante, podemos colocar as mãos atrás das orelhas, de modo que as palmas fiquem viradas para a frente, um pouco curvadas, e os dedos unidos, na forma de uma concha. Você já tentou fazer isso? O que achou do resultado?

Como vimos, o tato tem limitações, por exemplo, para que tenhamos a medida exata da temperatura de uma superfície. Já sons muito baixos ou emitidos a grandes distâncias podem não ser ouvidos por nós. E a visão não é capaz de enxergar objetos que são muito pequenos ou que estão muito distantes de nós.

1 É possível mudar as limitações naturais dos sentidos humanos? Será que isso acontece no cotidiano?

O microfone capta o som de um ambiente e é usado para que a intensidade desse som seja aumentada. Assim podemos ouvir o que uma pessoa diz ao microfone mesmo que estejamos longe dela.

A voz captada pelo microfone é amplificada pelo sistema de som e pode ser ouvida com clareza por todos os que estão em um salão.

Os binóculos nos ajudam a ver aquilo que está muito distante, e as lupas nos ajudam a ver o que é muito pequeno.

Podemos usar binóculos para observar animais a distância.

A lupa é um aparelho eficaz para observar pequenos insetos, como formigas, ou analisar detalhes do solo.

- Vimos que com uma lupa podemos enxergar coisas muito pequenas, como insetos e grãos do solo. Com os binóculos, conseguimos enxergar animais que estão longe de nós, como passarinhos em árvores. Que instrumento podemos usar para ver estrelas e planetas que estão a milhares de quilômetros de distância da Terra?

UNIDADE 9

Vamos investigar

Construindo um megafone

Que tal construir um objeto que amplia a percepção de um dos nossos sentidos?

Material

- cartolina quadrada com, no mínimo, 23 cm × 23 cm
- materiais diversos para decorar seu megafone (lápis de cor, giz de cera, etc.)
- fita adesiva
- tesoura com pontas arredondadas

Como fazer

1. Pegue a folha de cartolina e decore-a com lápis de cor, giz de cera ou com colagens.

2. Enrole a cartolina no formato de um cone com a face decorada para fora.

3. Faça o maior cone possível, deixando um buraco relativamente pequeno em uma das extremidades, o suficiente para que você consiga contorná-lo com a boca.

Ilustrações: Felix Reiners/Arquivo da editora

Vamos investigar

4. As bordas do papel devem se sobrepor apenas um pouco, o suficiente para que você cole o cone com a fita adesiva.

5. Apare as bordas que sobraram. Caso você queira deixar o megafone maior, é só colar mais cartolina na extremidade mais larga.

Pensando sobre os resultados

1. Para que serve um megafone?

_____

_____

2. Em quais situações você usaria um megafone?

_____

_____

3. Agora use seu megafone de um jeito diferente: encoste a abertura menor na sua orelha. Peça aos colegas que falem bem baixo.

a) O que você descobriu?

_____

_____

b) Que nome você daria a esse megafone que funciona ao contrário?

_____

UNIDADE 9

Os microscópios e o estudo da vida

• Cores artificiais

Você já ouviu falar em um instrumento utilizado para ampliar imagens de objetos muito pequenos chamado microscópio? Os primeiros microscópios, construídos há mais de 400 anos, revolucionaram o estudo dos seres vivos. Em uma simples gota de água, por exemplo, o microscópio possibilitou que fossem vistos centenas de pequenos seres em movimento, totalmente desconhecidos até então. Esses seres são hoje chamados microrganismos.

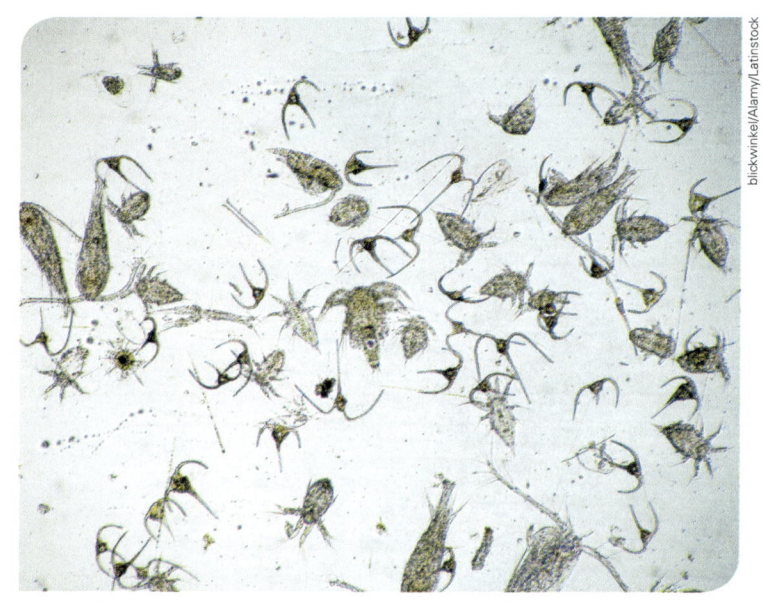

Gota de água do oceano ampliada cerca de 20 vezes em microscópio, evidenciando microrganismos.

Uma gota de sangue, vista ao microscópio, mostra uma série de células em forma de disco, cuja existência nunca se imaginaria em uma época anterior à invenção do microscópio, quando o sangue era visto somente a olho nu. Enxergar as células do corpo é importante para entender melhor como elas funcionam. Isso pode ajudar médicos e pesquisadores a curar doenças ou a evitá-las, melhorando a qualidade de vida das pessoas.

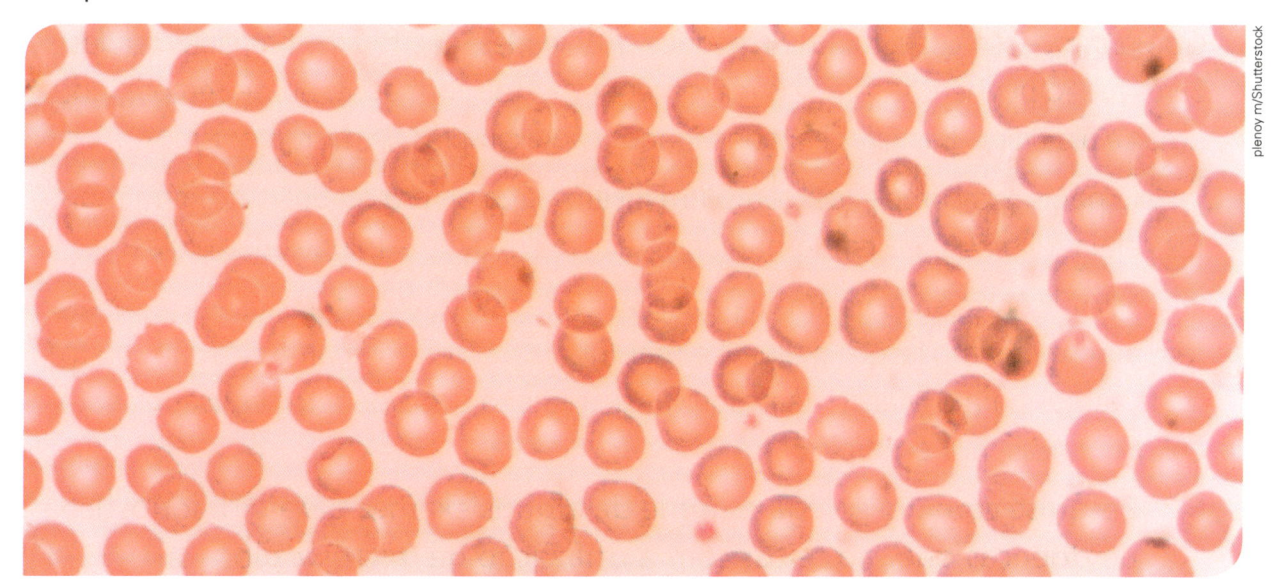

Células do sangue humano vistas ao microscópio com ampliação de aproximadamente 1 300 vezes.

Os microscópios são formados por um conjunto de **lentes**. Esse conjunto amplia as imagens, possibilitando que vejamos objetos ou seres vivos muito pequenos, os quais somos incapazes de enxergar a olho nu.

Lente: objeto usado em óculos, máquinas fotográficas, filmadoras, entre outros, e que muda a maneira como vemos o mundo: ela pode diminuir ou aumentar a imagem do que vemos.

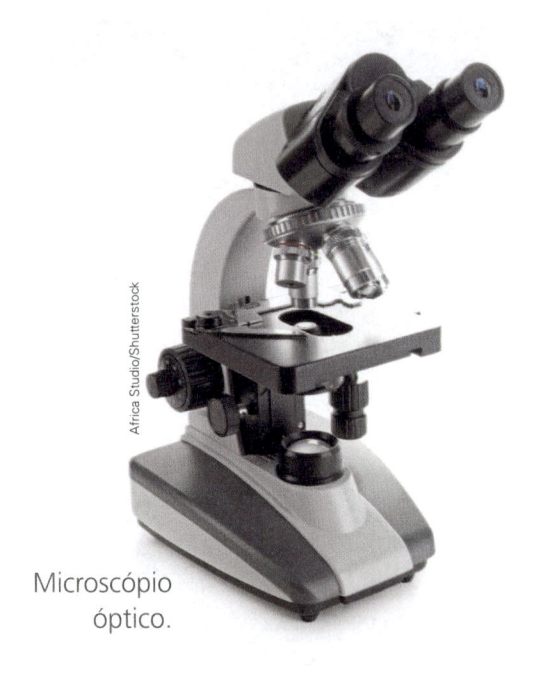

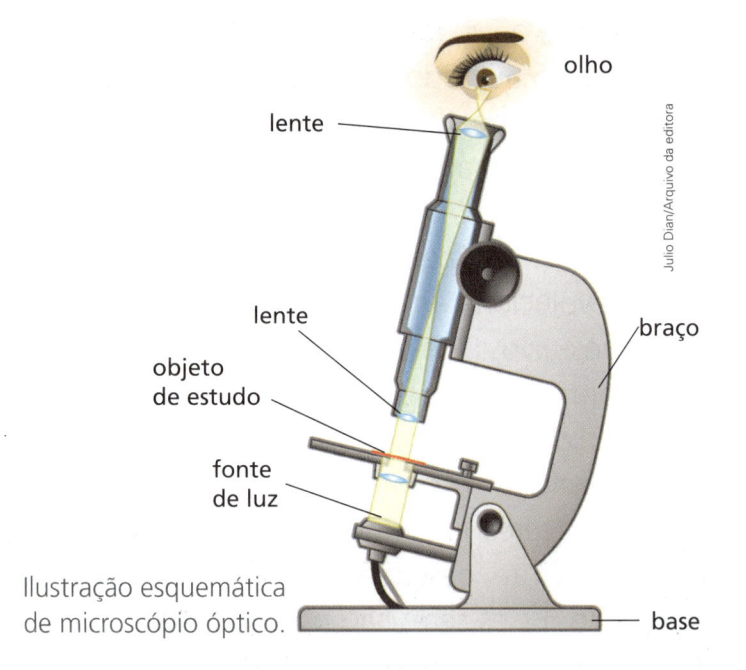

Microscópio óptico.

Ilustração esquemática de microscópio óptico.

Vamos falar sobre...

Microscopia

Após centenas de anos de observações de todos os tipos de seres vivos, os cientistas chegaram a uma conclusão importante: todos os vegetais, animais ou microrganismos são constituídos de pequenas unidades, que foram chamadas células. Seres muito pequenos, como os microrganismos, são formados, quase sempre, por uma célula única. Bactérias e alguns fungos são exemplos de microrganismos.

Organismos complexos, como um inseto, uma árvore ou um gato, têm muitas células. No caso do corpo humano, fala-se em alguns trilhões de células.

Microscópios cada vez mais eficientes construídos ao longo dos anos passaram a permitir ampliações maiores e mais nítidas. Esses equipamentos são muito importantes para o avanço de pesquisas de materiais que podem ser usados para curar doenças, por exemplo.

- **Pesquise com um colega o nome de alguns exames para o diagnóstico de doenças que são feitos com a utilização de microscópio.**

176 UNIDADE 9

Telescópios e o estudo do Universo

Vimos que as lupas e os microscópios são usados para ver objetos ou organismos muito pequenos. Os binóculos podem ser usados para observar cenas não muito distantes, como passarinhos em uma árvore, ou jogadas em um estádio de futebol.

Já os telescópios são construídos para investigar o Universo. Com eles conseguimos descobrir características do Sol e de outras estrelas, ver a superfície da Lua e até contar os anéis de Saturno.

Binóculos podem ajudar a observação de pássaros ao ar livre.

À esquerda, foto do planeta Saturno obtida com um pequeno telescópio portátil. À direita, foto obtida com o telescópio Hubble em órbita.

• Cores artificiais

Atualmente, além dos telescópios comuns, podemos usar computadores e aparelhos de telefone celular para buscar elementos no céu.

- Você acha importante usar equipamentos para investigar a Terra e o Universo? Por quê?

Muitos aparelhos de telefone celular possuem recursos de localização. Alguns aplicativos usam essa tecnologia para identificar as constelações.

Vamos investigar

Descobrindo as lentes no nosso dia a dia

Onde estão as lentes no nosso dia a dia? Você conhece alguma? Nessa atividade, vamos investigar lentes muito comuns no nosso cotidiano.

Material

- papel vegetal
- uma página de jornal ou revista
- copo plástico com água
- furador de papel
- tesoura de pontas arredondadas
- fita adesiva transparente
- óleo de cozinha
- um conta-gotas
- pedaço de papelão (pode ser tirado de uma caixa)

Como fazer

1. Coloque a folha de papel vegetal sobre o jornal ou a revista.
2. Espalhe pequenas gotas de água em cima da folha de papel vegetal e observe o que acontece com as letras do jornal ou da revista.
3. Agora, corte um retângulo de papelão de mais ou menos 5 cm de comprimento.
4. Usando o furador de papel, faça um furo em uma das extremidades do retângulo.
5. Cubra o orifício com um pedaço de fita adesiva transparente.
6. Coloque uma gota de água sobre a fita. Varie o tamanho da gota, ao depositar um volume maior ou menor de líquido.

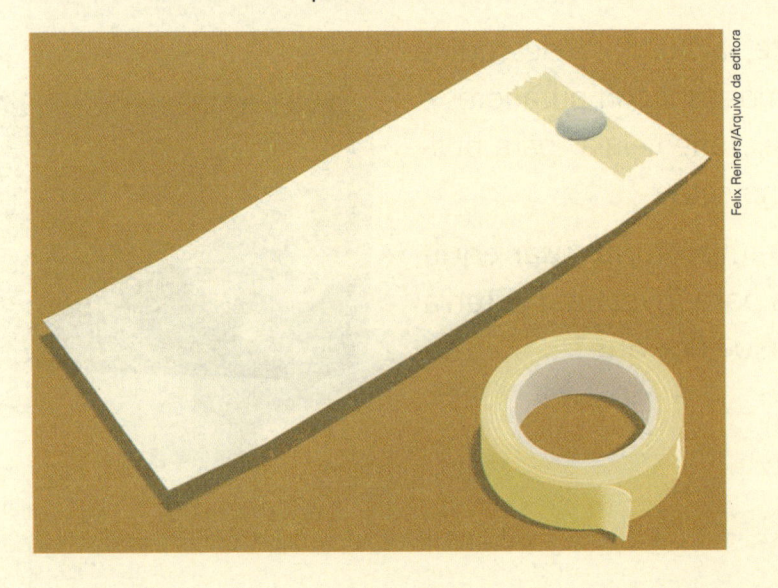

7. Varie o formato da gota, ao trocar a água por óleo.

8. Usando essa pequena lupa de papelão que você fez, examine as letras ou figuras impressas na página do jornal ou da revista.

Pensando sobre os resultados

1. Desenhe o formato das gotas que se obtêm com água e com óleo.

2. Qual dos formatos acima permitiu aumentar as imagens? Algum dos formatos diminuiu ou não modificou a imagem?

Vamos investigar

3 O tamanho da gota influencia na visualização da imagem? Como?

4 Qual deve ser o formato da gota para produzir aumento da imagem?

Conclusão

1 Após realizar esta atividade, você diria que uma gota de água funciona ou não como uma lente? Por quê?

2 Você conhece lentes feitas de outro material e que fazem parte do nosso cotidiano? Quais? Do que elas são feitas?

Fonte: MENDES, Cláudia L. S. et al. **Com Ciência na escola**. Disponível em: <www.fiocruz.br/ioc/media/comciencia_01.pdf>. Acesso em: 9 maio 2018.

Autoavaliação

Agora é hora de pensar sobre o que você experimentou e aprendeu. Marque um **X** na opção que melhor representa seu desempenho.

	😄	🤔	😐
1. Entendo como usamos nossos sentidos para perceber o ambiente.			
2. Identifico instrumentos que ampliam a capacidade dos nossos sentidos.			
3. Reconheço a vida de seres microscópicos.			
4. Conheço a importância do uso de instrumentos para investigar o mundo ao nosso redor.			

Sugestões

Para ler

- **50 coisas para ver com um pequeno telescópio**, de John A. Read. Editora CreateSpace Independent Publishing Platform.

   Aprenda a localizar planetas, estrelas e galáxias do hemisfério norte e descubra como eles se parecem quando observados com um pequeno telescópio.

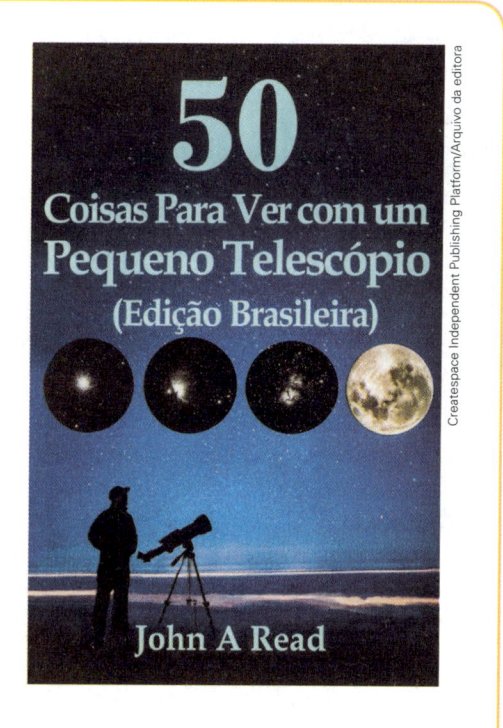

Para acessar

- http://chc.org.br/zoologico-de-microbios/

   Conheça um zoológico que abriga mais de cem espécies de microrganismos.

   Acesso em: 9 maio 2018.

Conectando saberes

Viajando pelo Universo

Durante milênios, os fenômenos astronômicos só puderam ser observados a olho nu. Levado pela curiosidade de saber mais sobre esses fenômenos, o ser humano inventou instrumentos que facilitam essa observação, como telescópios, satélites e outros equipamentos capazes de desvendar o Universo e produzir **imagens incríveis**.

Imagem da Galáxia do Sombreiro, feita utilizando os telescópios do Observatório Paranal, no Chile.

Fotografia de Saturno, o segundo maior planeta do Sistema Solar, tirada pelo telescópio espacial *Hubble*, em 2004.

A experiência no planetário

Uma maneira de viajar pelo espaço sem sair da Terra é visitando um planetário. As apresentações exibidas nos planetários simulam uma viagem pelo espaço, permitindo explorar virtualmente o cantinho onde vivemos no Universo e também muito além dele.

Os visitantes se sentam em cadeiras reclináveis para ver a projeção das imagens em uma tela curva e arredondada, como a parte de dentro de um guarda-chuva.

1 Qual é a importância dos planetários?

2 Muitas histórias e lendas foram criadas a partir do que se observava no céu noite após noite. Assim, de certa maneira, quem visita um planetário é envolvido pelo encanto e pelo mistério que o céu representa para nós.

a) Você já viu um céu estrelado? Qual foi sua sensação?
b) Por que você acha que o céu fascina tanto os seres humanos?

Imagem da superfície de Marte obtida pelo robô Curiosity, enviado a esse planeta em 2012. Foto tirada em 2015.

O apresentador explica os fenômenos astronômicos por meio de animações.

A exibição conta com vários efeitos visuais e sonoros.

BIBLIOGRAFIA

ANGELIS, Rebeca Carlota de. *Importância de alimentos vegetais na proteção da saúde*. São Paulo: Atheneu, 2001.

BARNES, Robert D.; RUPPERT, Edward E. *Zoologia dos invertebrados*. 7. ed. São Paulo: Roca, 2005.

BORGES, Roberto Cabral. *Serpentes peçonhentas brasileiras*. Rio de Janeiro: Atheneu, 1999.

BRASIL. Secretaria de Educação Fundamental. *Base Nacional Comum Curricular (BNCC) — Ciências da Natureza*. Brasília, 2017.

_____. Secretaria de Educação Fundamental. *Parâmetros Curriculares Nacionais*. Brasília: EC/SEF, 1997.

BRETONES, Paulo Sérgio. *Os segredos do Sistema Solar*. São Paulo: Atual, 2011. (Coleção Projeto Ciência).

CANIATO, Rodolfo. *As linguagens da Física*. São Paulo: Ática, 1990. (Coleção na Sala de Aula).

_____. *O céu*. São Paulo: Ática, 1990.

CARRETERO, Mario. *Construtivismo e educação*. Porto Alegre: Artes Médicas Sul, 1997.

CARVALHO, Anna Maria Pessoa et al. *Ciências no Ensino Fundamental*: o conhecimento físico. São Paulo: Scipione, 1998.

CHASSOT, Attico. *A Ciência através dos tempos*. São Paulo: Moderna, 1994.

CIÊNCIA HOJE NA ESCOLA. Céu e Terra, Corpo Humano e Saúde, Meio Ambiente e Águas, Ver e Ouvir, Tempo e Espaço. Rio de Janeiro/ São Paulo: SBPC/Global, 1999.

COLL, César et al. *Aprendizagem escolar e construção do conhecimento*. Porto Alegre: Artmed, 1994.

CUNHA CAMPOS, Maria Cristina; NIGRO, Rogério Gonçalves. *Didática de Ciências — O ensino-aprendizagem como investigação*. São Paulo: FTD, 1999.

DEMO, Pedro. *Educação e alfabetização científica*. Campinas: Papirus, 2010.

EQUIPE BEÎ. *Minerais ao alcance de todos*. São Paulo: BE, 2004. (Coleção Entenda e Aprenda).

FRISCH, Johan D.; FRISCH, Christian D. *Aves brasileiras e plantas que as atraem*. São Paulo: Dalgas Ecoltec, 2005.

FUNDACENTRO. *Prevenção de acidentes com animais peçonhentos*. São Paulo: Fundacentro, 2001.

HAWKING, Luay; HAWKING, Stephen. Trad. ALVES, L. *George e o segredo do Universo*. Rio de Janeiro: Ediouro, 2007.

HORVATH, Jorge E. *O ABCD da Astronomia e Astrofísica*. São Paulo: Editora Livraria da Física, 2008.

LOMBARDI, Gláucia. *Animais brasileiros ameaçados de extinção*. 5. ed. São Paulo: Paulus, 1997.

MACEDO, Lino. *Ensaios construtivistas*. São Paulo: Casa do Psicólogo, 1994.

MACHADO, Nilton José. *Cidadania e educação*. São Paulo: Escrituras, 1997.

MAGOSSI, Luiz Roberto; BONACELLA, Paulo Henrique *Poluição das águas*. São Paulo: Moderna, 2003. (Coleção Desafios).

MARGULIS, Lynn; SAGAN, Dorion. *Microcosmos*: quatro bilhões de anos de evolução microbiana. São Paulo: Cultrix, 2004.

_____; SCHWARTZ, Kariene V. *Cinco reinos — Um guia ilustrado dos filos da vida na Terra*. 3. ed. Rio de Janeiro: Guanabara Koogan, 2001.

PERELMAN, Yakov. *Física recreativa*. Moscou: Editorial Mir, 1983. Livros 1 e 2.

PERRENOUD, Philippe. *10 novas competências para ensinar*. Porto Alegre: Artmed, 2000.

POUGH, F. Harvey; JANIS, Christine M.; HEISER, John B. *A vida dos vertebrados*. São Paulo: Atheneu, 2008.

PRESS, Frank et al. *Para entender a Terra*. Porto Alegre: Bookman, 2006.

PURVES, William K. et al. *Vida — A Ciência da Biologia*. 6. ed. Porto Alegre: Artmed, 2002.

RICKLEFS, Robert E. *A economia da natureza*. Rio de Janeiro: Guanabara Koogan, 2003.

RODRIGUES, Francisco Luiz; CAVINATTO, Vilma Maria. *Lixo*: de onde vem?, Para onde vai?. São Paulo: Moderna, 2003. (Coleção Desafios).

RONAN, Colin A. *História ilustrada da Ciência*. Rio de Janeiro: Jorge Zahar, 1994.

SAGAN, Carl. *Bilhões e bilhões*. São Paulo: Companhia das Letras, 1998.

SCHMIDT-NIELSEN, Knut. *Fisiologia animal*: adaptação e meio ambiente. São Paulo: Santos, 2000.

TEIXEIRA, Wilson et al. (Org.). *Decifrando a Terra*. São Paulo: Oficina de Textos, 2000.

THE EARTHWORKS GROUP. *50 coisas simples que as crianças podem fazer para salvar a Terra*. Rio de Janeiro: José Olympio, 1993.

TORTORA, Gerard J. *Corpo humano*: fundamentos de Anatomia e Fisiologia. Porto Alegre: Artmed, 2006.

VYGOTSKY, Lev Semyonovich. *Formação social da mente*. São Paulo: Martins Fontes, 1984.

_____. *Pensamento e linguagem*. Lisboa: Antídoto, 1971.

WEISSMANN, Hilda (Org.). *Didática das Ciências Naturais*: contribuições e reflexões. Porto Alegre: Artes Médicas Sul, 1998.

WORTMANN, Maria Lucia Castagna; SOUZA, Nadia Geisa Silveira; KINDEL, Eunice Aita Isaia (Org.). *O estudo dos vertebrados na escola fundamental*. São Leopoldo: Ed. da Unisinos, 1997.